时间会疗伤，做个内心强大的好姑娘

走出人生的沼泽地，成为理想中的自己！
将生命中所有曾以为不能承受的重与轻，都淋漓尽致地抛在身后！

易难 著

新世界出版社
NEW WORLD PRESS

图书在版编目（CIP）数据

时间会疗伤，做个内心强大的好姑娘 / 易难著．--
北京 ：新世界出版社，2017.5
ISBN 978-7-5104-6020-3

Ⅰ．①时… Ⅱ．①易… Ⅲ．①短篇小说—小说集—中国—当代 Ⅳ．①I247.7

中国版本图书馆CIP数据核字（2016）第256221号

时间会疗伤，做个内心强大的好姑娘

作　　者：易　难　著
责任编辑：董晶晶
责任印制：李一鸣　王宝根
出版发行：新世界出版社
社　　址：北京市西城区百万庄大街24号（100037）
发 行 部：(010)6899 5968　(010)6899 8705（传真）
总 编 室：(010)6899 5424　(010)6832 6679（传真）
本社中文网址：http://www.nwp.cn
本社英文网址：http://www.nwp.com.cn
版权部电子信箱：nwpcd@sina.com
版权部电话：+ 86 10 6899 6306
印刷：北京中印联印务有限公司
经销：新华书店
开本：880mm × 1230mm　1/32
字数：200千字　　**印张**：8.5
版次：2017年5月第1版　2017年5月北京第1次印刷
书号：ISBN 978-7-5104-6020-3
定价：35.00元

目　录

Chapter 3
即使世界将你抛弃，也不要将自己忘记

Chapter 4
童话不一定都是骗人的，但你要学会分辨

Chapter 5
即使情路注定坎坷，好姑娘也从不妥协

Chapter 6
生活不会辜负内心坚强的姐

Epilogue

Preface

和过去不告而别，才是对未来最好的承诺

不是每个人天生都可以拿得起放得下的。只是后来的我逐渐明白，学会拿得起放得下的过程虽然漫长又艰难，但一旦习得，绝对终生受用，让你即使经历了抛热泪撒狗血的生活，也可以在最短的时间内不药而愈，满血复活，然后又生龙活虎地奔向下一段旅程。

我从来不觉得自己是个内心强大的人。但我明白，那些表面看上去强大的人，也不见得就真强大。相反，我见过的很多姑娘，有的柔柔弱弱娇娇滴滴，是父母手心里捧出来、蜜罐子里面长大的乖乖女；有的出身贫寒却不卑不亢，是山沟里飞出来的凤凰；有的风风火火自称爷们儿，是男生遇到都会让三分的巾帼英雄，她们无论表面上是否强大，都有着一个相同点，就是在不长的人生时段里，成功地练就了拿得起放得下的能力。

可别小看了这种能力。有多少人，一辈子活在原生家庭的缺陷里，或是童年受到欺侮的阴影里，或是恋爱婚姻失败带来的后果里，或是对自己的无能产生的深深的自卑感里，就这样，优柔寡断，悲观消极，在与过去纠缠不清的同时又不敢面对明天的到来。

不管是活了一辈子、半辈子、三分之一还是四分之一辈子，谁还没点儿黑历史呢？但是，再残忍再不堪回首的过去，也不值得任何人穷追不舍一辈子。

所以，我想要把这些好姑娘的故事写下来，想要记下她们在青春里做过的各种疯狂的事，犯过的各种愚蠢的错，爱过的各种不同的人，走过的天南海北的各种城市。

当然，对于她们的所作所为是对是错，我无权也不想评价。在国外的这几年里，我最大的收获就是学会了不再以任何角度去评价一个人是对是错，而别人自然也无权来评价我。每个人的性格和经历都是独特的，每个人的任何决定都是他们自己的选择。我能做的，就是把我看到的记录下来，让更多的人去思考其背后究竟有着怎样的故事。

无论她们有着怎样的过往，也不妨碍我爱她们，甚至我很佩服她们。在尚年轻的人生里，能够在敢爱的时候去爱，敢拼的时候去拼，想笑的时候大声笑，想哭的时候尽情哭，便是她们最美丽的样子。

有的时候，我甚至感谢熟识或不熟识的她们，让我自己也有勇气变得更好。

到今天，我仍然不会在人群中高谈阔论出尽风头，仍然在工作准备不充分的时候会被突如其来的电话或者约见吓得心惊肉跳，仍然会由于心情低落而对身边亲近的人恶语相见。我不是个讨人喜欢的人，但我不吝惜向世界展示真实的自己。我也不是一个完全拿得起放得下的人，但我已经学着强大起来。

时间会带走青春和年轻，但只有丧失热情和理想，才会让人真正地衰老。只有在岁月里历练出强大内心的姑娘，才会把那些曾失去的骄傲、曾放弃的快乐，亲手找回来。

Chapter 1
你在我心底留下的疤，我用时间来治愈

有一种伤害，以爱之名

我们曾相爱，想到就心酸

一次背叛，一生背叛

只有猫知道我有多爱他

回忆是最美的风景，但我绝不会旧地重游

时间使我们忘记爱情

有一种伤害，以爱之名

以对一个人好为理由对一个人不好，是最不好的一种对人不好的方式。

——林白

沐子说，她当然听过那个已经被讲烂的温水煮青蛙的故事。我毫不犹豫地打断她，说："你没听说过的是，那个故事是假的。你把青蛙放到开水里它会烫得跳出来不假，你把它放到逐渐升温的温水里，达到一定温度之后它也会自己跳出来，才不会等死。你当它傻啊？"

沐子瞪着无辜的大眼睛说："真的假的？我还以为是个励志桥段。"

我说："当然。活青蛙哪能让水煮死，活人也一样。"

沐子就不说话了。

沐子是个单纯没什么心眼的姑娘，渴望爱情却又有时妄自菲薄，直到二十二岁大学毕业也还没有谈过恋爱，一心想在读硕士的时候弥补感情上的空白。

男友阿修是和她在一门语言课上认识的。美国大部分大学都有语言中心专门给留学生开设一些英语写作课，部分语言程度不够的留学生，就会被要求去选语言课来提高。

沐子对阿修的感觉是从崇拜开始的。她觉得他在课堂上跟老师侃侃而谈的样子无比帅气，英姿勃发，特别有魅力。课下，阿修有时会拿出电脑，给她讲他现在正在做的实验项目，讲得天花乱坠，让沐子听得一愣一愣的。

沐子跟我们说，她在语言课上认识了一个特别牛的男生，让她崇拜得五体投地。听她描述完之后，我们其实觉得也不过如此。他要是真的特别牛，何必还要去选语言程度不够的留学生才选的语言课？他是学物理的，沐子是学历史的，他讲的东西沐子完全听不懂，当然会觉得他牛了。

不过，我们没有打消沐子的积极性，毕竟这是她第一次如此崇拜一个优秀的异性。而阿修也看似对沐子很有兴趣，两个人自从那门语言课开始，越走越近，终于以男女朋友相称，每天携手出入校园，满足了沐子对迟来的爱情的一切幻想。

沐子在我们面前三句话不离阿修，把他夸上了天。在沐子的口中，阿修不仅是他自己专业的大神，竟然关于沐子的专业也说得头头是道。沐子说她这学期选修了英语系的一门课，研究18~19世纪魔术对现代欧洲宗教信仰的影响。阿修就说，那你得从更早的伊丽莎白时代学起，那个时候的女巫和狼人是现代欧洲志怪传说的起源。沐子说她下学期将选修东亚系的一门课，研究宋代墓葬艺术。阿修就说，那你要先补一补唐代的墓葬特点，虽然二者艺术表现风格和政治影响迥然相异，但毕竟唐墓是宋墓的渊源，这种发展和演变的痕迹是必不可少的研究侧重点。

我们听得大眼瞪小眼，心说这位阿修还是个博学贯通的杂家，难怪把沐子唬得两眼发亮，一心一意做他的崇拜者。

但后来，沐子竟渐渐地说得少了，不是因为她不再提起阿修了，而是因为我们渐渐地见不到她了。偶尔见到一次，沐子也是匆匆忙忙就走了，连和我们搭句话都来不及。沐子说，阿修觉得除了他之外，别的人根本不配和她说话，包括她的同系同学，作为他的崇拜者，她只需要听他的就足够了。

我们听了大吃一惊，阿修到底是她的男朋友，还是监护人，还是启蒙恩师？不过我们没有太多机会问到沐子，因为沐子觉得自己过着特别甜蜜、充实、高大上的生活，已经不需要跟阿修以外的任何一个人接触了。

直到过了很久，有一天，沐子突然来找我聊天。

她说：“你们是不是都讨厌我了？”

我说：“没有啊，我们为什么要讨厌你？”

沐子就讲了她家里的一件事。她父母想来参加她的毕业典礼，但阿修说，太俗了，让她告诉她父母别来了。因为这件事，她和父母吵了一架，父母生气地说她被她的男朋友洗了脑，连爸妈都不认了。

阿修对沐子的确是好得很的。沐子生病，他会不眠不休地在一边照顾；沐子晚上很晚了从学校回家，他再累也会从宿舍赶过去接她；沐子去系里或是去图书馆，只要他有空，都会陪她同去同回。有时遇到沐子的同学在路上跟她打招呼，聊上几句，他就会站在一旁，一脸不耐烦地盯着她的同学，生怕他们不走。

阿修说："我做的一切都是为了你好，你值得拥有更好的生活，没有必要每天跟这些愚蠢的人类浪费时间。"

听到这里，我忍不住笑了，这位阿修到底是活在几次元的空间啊！

于是我问沐子："那你怎么还来找我这个愚蠢的人类聊天？"

沐子挠挠头，不好意思地笑了，说："我知道阿修有的时候说话是有点过了，但是他真的对我很好啊。而且除了这点，他没有别的毛病，算是一个很好的男朋友。"

结果是，为了阿修这个很好的男朋友，沐子几乎得罪了除了他之外所有认识的人。就连很久没联系的国内同学偶尔有事情给沐子发信息，如果被检查沐子手机的阿修先看见，他也会删掉，让沐子根本就不知道有人给她发过信息。沐子就这样渐渐地失去了跟所有人的联络。

沐子一直都天真地以为阿修这样真的是为她好，也觉得只要有了阿修，她根本就不需要跟任何其他人打交道。直到自己的父母都因此而跟自己大吵了一架，沐子才觉得有些不对劲了。

她说："你们没讨厌我吗？我怎么觉得你们都讨厌我了呢？"

我说："不是我们讨厌你，是你自己选择了不和人交往的生活。我们也有自己的生活，所以无所谓讨厌不讨厌，你自己开心就好。"

她说："我也不知道我是不是开心。他对我这么好，我应该开心的，是吧？"

我就说："那你听过那个温水煮青蛙的故事吧？你觉得他爱你，但是慢慢地等这种爱升温变成伤害的时候，你是能意识到还是不能意识到呢？"

沐子就不说话了。

沐子虽然单纯没什么心眼，但是也没有傻到那个份上。后来，她试着跟阿修提出了不满，但阿修却仍然说："我这么做，都是为了你好，因为我爱你啊。"

沐子想了想，似乎他说的也有道理，无法反驳。于是，打算好的谈判就这样不了了之地拖下去了。毕业的时候，阿修打算和沐子一起留在美国工作，他凭自己的专业很容易就找到了一份工作，但沐子找工作就比较难了，并且沐子本是打算继续读 PhD（博士）的，却被找到工作的阿修给打消了念头。阿修说："你没有必要再读。我工作，你嫁我，我养你就是了。"

就在两个人办理着手续准备毕业的时候，沐子的父亲生病了，不是大病，但也住院很久。家里打电话希望沐子回国，阿修却说："你现在在转换签证身份期间，回国你就不好回来了，何必要费事？"

沐子说：“那可是我爸生病啊。”

阿修说：“那又怎么样？你不是说不是大病么？又不会死。”

那件事情最终成了压垮沐子的最后一根稻草。她不顾阿修的反对甚至威胁，放弃了办身份，买了回国的机票。

阿修说：“你要是回去，咱们俩就算完了，你看着办！”

沐子终于果断地说：“完了就完了吧。”

尽管痴迷了很久，她还是成功地做了那只从温水里跳出来的青蛙。

回国之后，沐子在家乡陪着住院的父亲，也找了一份工作，并且一边工作一边重新准备申请，打算回美国来读 PhD。有时再想起在美国和阿修一起的日子，她会想：阿修是真的爱我的么？还是因为他只是需要一个以爱之名捆在自己身边的崇拜者？如果那样的生活继续下去，我今后的一生里就只剩下他一个人，会是什么样子？

她不敢想象。

我在国内再见到沐子的时候，她虽然单身，但依然等待着爱情。至少她懂得了崇拜离爱情还有一段遥远的距离，也懂得了在经营恋爱的同时要打理好自己的生活。

毕竟，我们都是“愚蠢的人类”，才可以没心没肺地笑着，爱着，带着杂乱无章却丰盈满溢的情感活下去。

我们曾相爱，想到就心酸

我们都想要牵了手就能结婚的爱情，却活在一个上了床也没有结果的年代。

对一个男人来说，最无能为力的事儿就是“在最没有物质能力的年纪，碰见了最想照顾一生的姑娘”。

对一个女生来说，最遗憾的莫过于“在最好的年纪遇到了等不起的人”。

——饶雪漫《左耳》

能够心平气和地去参加奕聪的婚礼，天瑶以为自己已经过了心里的这道坎了。

但是当她看着曾经在自己身边信誓旦旦许下“天长地久”的他，挽着高贵大方幸福满溢的新娘，衣冠楚楚地站在红地毯上接受同学调侃和亲友祝福的时候，她还是没有办法接受现实，一个人离开了婚礼现场，跑到洗手间哭花了精心化的妆，接着没跟同班同学们打招呼就回了家。

她从来没有想过奕聪最终真的会娶了别人。她总以为不管遇到多少挫折还是困难，他都会一如既往地站在她这一边。

毕竟再没有一个人像他这样懂她了，也再没有一个人像她这样懂他了。

那些他们争吵着、安慰着、痛苦着、迷茫着度过的每一个夜晚，把她变成了今天的样子；但是他们走过了那些艰难，却没有办法携手迎来幸福的结局。

十八岁的时候，天瑶觉得这世界上最幸福的事情，就是自己喜欢的人恰好也喜欢自己。

那时的她和奕聪都是从小地方考到北京上大学的孩子，踌躇满志却又小心翼翼，生怕这个庞大如巨人般的城市容不下他们那颗小小的拼搏的心。她带着父母给她凑的一学期的学费和生活费，想着一定要考个好成绩来申请助学金，这样还在上初中的弟弟明年的学费就能省下来了。她周围的室友都买了笔记本电脑和手机，她却只能每天晚上下课之后去学校机房上网查招兼职的信息。

奕聪也一样，是全家人供出来的，上面两个姐姐读到高中就不读了，辍学打工供他，考上北京一所重点大学的他，肩负着全家人的希望。

她悄悄地喜欢着奕聪，不只因为他和她一样，保护着自己脆弱的自尊心却又骄傲、虚荣地想要得到更多的关注，还因为他和她一样，都背负着家人的债，却又不想放弃主宰自己人生的权利，更因为他和她一样，想要找到一个和自己心灵相通的人，在漫漫长夜里相伴而行，才不会感到寒冷和孤单。

两个人就那样走到了一起，在这个奢华与贫穷并存、磅礴与卑微一体的城市里，谈起了只有他们彼此之间才会懂的恋爱。一起在图书馆抱着暖水瓶看一晚上书，一起从宿舍走到教学楼，一起在食堂多打一个肉菜，甚至一起毫不退让地争每班只有一个的学年助学金名额，这些都是他们独有的浪漫。

大学四年里，有两年的助学金是她拿的，另两年是奕聪拿的。无论是谁拿了，都会在补贴家里之后给对方一部分生活费。虽然天瑶的家人因此斥责了她不止一次，说她不好好学习，没有抓住每一次得奖学金的机会，没把家里的钱当回事儿，但天瑶心里是甜蜜的，她知道帮到了奕聪，自己也会开心起来。而奕聪会一次次把买早餐的钱省下来，给天瑶买吃的，担心她吃饭太少体质太差。天瑶见到奕聪的手冬天会起冻疮，就连着给他织了四年手套，用的都是自己的旧毛衣拆下来的线。

他们都不觉得寒酸，反倒充满着希望，觉得两个人的努力，总比一个人要有力，他们会带着各自家庭的希望，往更好的路上走，走得越来越好，直到他们能够组建自己的家庭，开启另一段幸福的生活。

快毕业的时候，奕聪得了大学生编程大赛的一个奖，还拿到了好几家大公司的录取通知。他本来对留在北京不抱希望，甚至都想好了带着天瑶回到老家附近的某个城市去谋生，没想到机会来得令他措手不及，他开心得不得了。

天瑶那时正在和家里大吵，父母已经给她找好了婆家，是邻县经商的人家。男方比天瑶大十岁，离过婚，有一个两岁的女儿。父母急于收下他家丰厚的彩礼，好给她的弟弟凑足上大学的学费。

为了这个完全没有经过自己同意的婚约，天瑶几乎和家里人撕破了脸。她的父母说，她毕业后要是不回老家结婚，他们就不认她这个女儿。

奕聪毕业之后立刻入职了，办理了保险和一切手续，还住进了公司给员工安排的临时宿舍。宿舍里除了他还有另一个刚入职的年轻人，但那个男生嫌宿舍太破，另租了房子，只有偶尔在公司加班太晚来不及回家的时候才来宿舍将就一晚。

员工宿舍严禁住外人，但天瑶毕业之后没有找到工作，无处可去，奕聪只好把她偷偷地藏在自己宿舍里。还好那幢楼也有很多女职员在住，大家互相不太认识，天瑶偶尔出入没有引人起疑。她每天窝在奕聪的小床上，用奕聪的旧电脑上网找工作。奕聪晚上下班回来，有时给她带一个煎饼或是几个包子，有时来不及买，就用宿舍里的小电饭锅下一把清汤挂面。

那时，天瑶用着奕聪不用的旧手机，每次给家里打电话，都是父母冷冰冰的回应：

“你现在不回来，你就再也别回来了。”

那些等着奕聪加班回来的黑暗的夜晚，整个狭小的房间里就只有一盏夹在床头的昏黄的台灯。电脑屏幕闪着蓝光，走廊里不断有杂乱的脚步声经过，时间每分每秒的流逝都是煎熬。天瑶经常窝在被子里大哭一场，然后又起来洗脸收拾，不想让奕聪见到她哭过。

奕聪也从来不在她面前提她的伤心事，只是终于有一天，他回来跟她说，托同事的朋友给她介绍了一份工作，在一家小保险公司做销售。

奕聪说："我知道你要强，不愿意我养你；我现在需要补贴家里，也确实养不起你。但是你给我时间，我肯定能做到的。"

那时的天瑶觉得，再付出多少都是值得的，奕聪是她这一辈子最值得托付相伴的人，是她做的最正确的选择。

二十三岁的时候，天瑶觉得这世界上最幸福的事情，就是可以在晚上下班回家之后，喝到心爱的人细心煲的汤。

天瑶再也没有回过家。弟弟考上了南方的大学，父母告诉他，你没有钱付学费都是因为你姐自私不愿意给。他也从来不给天瑶打电话，即使天瑶工作之后每个月都把将近一半的薪水汇给他。

奕聪的工作很稳定。后来，两个人搬出了员工宿舍，在比较偏远的地方租了一间很小的一居室。虽然上下班通勤要两个多小时，但两个人也算是有了自己的小窝。奕聪比天瑶离公司近，经常是他晚上回来先做饭。等天瑶进门的时候，屋子里已飘满了饭菜香气。在冰冷的寒夜里，两个人各舀一大勺香喷喷的汤，热乎乎地吃着，觉得身上的寒气和疲惫都被赶走了。

天瑶的生活过得越来越好了，她却一直怀念那段最艰苦的生活，怀念那段连两个人买菜的几毛钱都要算计、水电费一分一分地省、跟房东拉下脸来讨价还价的时光。

两个人工作刚刚各有起色的时候，奕聪的老家出了事，他的姐姐和姐夫在外面做生意欠了一屁股债，跑到父母家里躲起来，结果追债的人找过来，还动手打了人，奕聪的父亲心脏病发作进了医院。奕聪慌慌张张地交接了公司的事情就请假往家赶，在医院里陪他父亲，一陪就是两个月。

那段时间，天瑶不知道怎样帮他，只好把自己攒下来的钱从北京打到他卡里，希望他能用得上。他心情不好，她也不敢去打扰他。她知道他的家里给他压力也很大，而自己从来都帮不上忙，不是他父母眼中理想的儿媳。

他们的家庭就是他们生来必须背负的十字架，让明明只属于两个人的爱情变了质，两个人紧绷着这根弦，谁也不敢用力，生怕一旦扯断，两个人都会被生活压垮。

唯一的指望和筹码，就是彼此的一心一意。

工作的那几年，不是没有诱惑的。有条件比奕聪好的男生追她，表明态度说会给她更好更安心不用拼搏不用受累的生活，但她像听笑话一样轻松地拒绝了。她对自己和奕聪的未来有信心，她觉得一起吃过苦的感情才是真的感情。如果随便什么利益就可以收买自己的心，那和当年为了彩礼就嫁人又有什么分别？

奕聪从老家回来之后，由于公司内部的人事调整，他丢了工作。他父亲去世的时候，他正在找工作，没来得及赶回去见父亲最后一面。为了帮他姐姐还债，他把他不多的积蓄全寄回家了，天瑶也拿出大部分积蓄帮助他。两个人一下子回到了几乎一穷二白的状况，但还好，天瑶的工作在稳步发展，奕聪也很快又找到了新的工作。

天瑶以为一切终于可以走上正轨了。

二十五岁的时候，天瑶觉得这世界上最幸福的事情，就是可以嫁给爱情。

当奕聪平静地跟她提出分手的时候，她发蒙了，以为奕聪在跟自己开玩笑。

但奕聪没有笑。他说，他爱上别人了，他不指望天瑶原谅他，只希望她能够放手。

说实话，一直到她去参加奕聪婚礼的时候，她都不相信奕聪真的爱上了别人。那姑娘是经他同事介绍认识的，家境优越，两个人刚确定恋爱关系，她就托家里人给奕聪换了个更好的工作，还帮他落了户口。如今两人在北京买了婚房，婚礼由女方家一手包办，奕聪只要安安心心地做个上门女婿就可以了。

天瑶没哭没闹就跟奕聪分了手。她说："你说你爱上别人了，那我就信。我不想再问你到底有没有爱过我，我知道你会怎么回答，我不信。"

奕聪沉默了很久很久。多年的相处让他们只需要一个眼神就可以明白对方在想什么，他知道天瑶给他留了最后一点尊严，也给自己留了最后一点尊严。

奕聪最后说："我不想耽误你。"

天瑶点点头，说好。

奕聪把几年里天瑶为了帮衬他打给他的几笔钱都还给她了，还给他们一起租的那间一居室多付了一年的房租。

天瑶后来听他们共同的大学同学说，奕聪的父亲去世之后，追债的人还是会继续跑到他们家里去闹事，他的姐姐精神出了问题，姐夫被闹事的人打断了腿，住了很久医院，奕聪的妈妈曾跪下来求他，希望他能够看在全家人供他读完大学的份上，好好考虑他的前程。

这些事情，奕聪从老家回来之后，没有跟天瑶讲过。或许从那个时候起，他就已经打定主意要离开她了。

天瑶并不怪他。相反，她觉得她仍然是这个世界上最懂他的人。

她的父母和弟弟多年不曾联系她，只有缺钱的时候才会告诉她，她就给他们打钱，一次都不曾耽搁。她明白，如果奕聪的事情发生在她身上，她也不确定自己会做出什么样的决定。

当年那个为了在大城市打拼的梦想，为了和奕聪的爱情而不惜与家里断绝关系来拒婚的自己，实在是太年轻了。

奕聪结婚的时候，天瑶已经跳槽到一家大公司做销售主管，租了一间宽敞的公寓，每个月定期给父母和弟弟打钱。虽然她多年来仍未曾回家，也从不给家里打电话。

她以为自己已经过了心里这道坎了。

但是当她看着曾经在自己身边信誓旦旦许下“天长地久”的

他，挽着高贵大方幸福满溢的新娘，衣冠楚楚地站在红地毯上接受同学调侃和亲友祝福的时候，她还是没有办法接受现实，一个人离开了婚礼现场，跑到洗手间哭花了精心化的妆，接着没跟大学同班同学们打招呼就回了家。

毕竟再没有一个人像他这样懂她了，也再没有一个人像她这样懂他了。

后来，天瑶在与客户谈生意的时候认识了现在的男友，两个人资历、收入相当，男友从来没有因为天瑶是小地方出来的孩子而瞧不起她，还会在她每个月给家里打钱的时候说："加上我这份吧。"

艰苦的日子总会过去的，尽管在走向新生活的时候，身边已不是故人了。

一次背叛，一生背叛

——我以为你是一个知道适可而止的女孩。

——我也不知道我是什么样子的女孩。

——电影《朱诺》

认识朱诺的时候，我经常去学校一个比较偏远也比较小的食堂吃饭。由于课程较满，我每次去的时候都已经很晚，不仅快没有吃的了，连食堂的员工都开始放下工作躲到一边吃自己的饭去了。

朱诺是在那里打工的唯一一个留学生，我几乎每次吃饭都能遇见她。她长得很娇小，不化妆，穿着印着学校图案的卫衣，像个高中生。我和她聊了几次，只知道她比我小两岁，晚一年来美国，拿着半奖学金在读一个商学院的项目。

商学院的项目贵得出奇，半奖也不好拿，我便对她油然而生敬佩之情。不过，既然能来读这么贵的项目，家里应该是很阔绰，不知道她为什么还要来学校食堂打工。

后来熟了些，我就跟她开玩笑地说："商学院的学费可是很贵的啊。"

朱诺点了点头，说："是啊，我的学费是我老公家里出的，以后我要把钱还给我老公的。"

我吓一跳，心想：看不出来，她这么年轻就已经结婚了。

朱诺是和妈妈相依为命长大的。

在她刚出生没多久的时候，爸爸出轨，妈妈毅然地离了婚，一个人艰难地把朱诺带大。朱诺从小从妈妈那里听到的有关男人的话就是：这世上的男人都是人渣，你不要相信任何人。

朱诺的妈妈由于婚姻的失败和生活的艰辛变得敏感而偏激，而在朱诺这里却矫枉过正，朱诺对妈妈的观念产生了质疑和反对，她觉得妈妈是因为爸爸当年的不忠而以偏概全，认为男人全不是好东西，甚至嘲笑妈妈的狭隘，经常顶嘴说妈妈是因为眼光太差才会看上爸爸这种人。母女之间已多年有矛盾，在朱诺大学快毕业的时候矛盾达到了顶点。

那时，朱诺找了一个男朋友，家里很有钱，打算送他出国留学，他跟家里说，他的女朋友朱诺也想出国，只是家庭条件不好，希望家里也一同资助朱诺留学。

朱诺成绩很好，能够申请到很不错的大学。她年轻气盛，不愿意因为家里缺钱而断送自己的前程，也不愿像她妈妈一样含辛茹苦省吃俭用一辈子，并且那时她正和男朋友如胶似漆，不想因为异国恋而淡了感情，执意不肯跟男朋友分手。

男朋友家里对朱诺倒是很认可，只是希望他们能在出国留学之前结婚。

于是，朱诺在二十二岁大学毕业的时候就领了结婚证，没有办婚礼，除了两个人和两家家长，没有其他的亲戚朋友知道，然后两个人都来了美国读硕士。朱诺和妈妈为此大吵了一架，朱诺甚至扬言要断绝母女关系，从此再也不回那个家，也不会再要她妈妈一分钱。

朱诺的妈妈对她也是寒心到了极点，她见过朱诺的男朋友，认为他是纨绔子弟、吊儿郎当，根本不是一个值得托付终生的人。但朱诺说："你有什么资格指责我？你如果看人看得准的话怎么会被我爸背叛？"

朱诺抱着再也不会回家的决心来了加州。她很聪明，成绩也好，来了美国依旧用功；相比之下，她的老公则是能混则混，混到期末就花钱找人代写论文，平时经常和朋友出去花天酒地。

让朱诺汗颜的是，她的眼光终究并没有比她妈妈更好，来美国没多久，她的老公就和别的女生厮混在一起了，也不怕朱诺发现，还说她没有资格管他，因为她来美国的钱都是他出的，没有他，她什么都不是，只能回老家嫁个当地人在家里带孩子，怎么可能来读美国最好的商学院项目。

朱诺一开始原谅了他，还一心希望他只是年轻，玩心太重，终究会长大，会因为两个人的婚姻关系而回心转意。但她还是太天真了，只要有一次，就会有第二次。朱诺第一次体会到"吃人家的嘴短，拿人家的手短”是怎样的感受，她甚至不知道该如何以妻子的身份批评或劝诫他，因为他和他的家人都是她的“恩人”，她的确没有资格对他指手画脚。

朱诺后来对他完全死心，和他约好毕业后就回国离婚，还把他家资助她的钱打了一个欠条，说毕业以后一定会陆续还上。那是每年好几万美元的学费和生活费，我不知道年轻的朱诺要用什么来还。

后来，学校放春假，我有很久没有再去那个食堂吃饭，也没再见到朱诺。一直到夏天快毕业的时候，我才偶然在校园里遇到她。以前听她说她很早就着手找工作了，我便问她进展如何，有喜讯记得要分享。

朱诺说，她放弃了留在这里找工作的机会，马上就要毕业回国了。

她说，妈妈查出了癌症，已经住院很久了。她前阵子打电话给亲戚才知道，他们一直瞒着她。

“我爸这么多年说跟我妈老死不相往来，都去看她了，我都还没回去，我真是混蛋啊。”朱诺说。

那之后，我没有再见过朱诺，唯一的联系也只是她偶尔更新的社交网络。后来我也回国了，有了她的联系方式，得知她离了婚，现在在上海工作，常年出差到处跑，很辛苦，但薪水越来越高，她也在慢慢还前夫的钱。

我问她现在生活得好不好。她说：“挺好的，唯一的遗憾就是当时紧赶慢赶地回国，还是没赶上见我妈最后一面。她肯定到死都想我还跟她断绝着母女关系，我还恨着她。其实有什么好恨的呢，我跟我妈都是可怜人，只是她惨惨戚戚地抱怨了一辈子，而我终于有机会弥补我年轻时犯过的错误了。”

子欲养而亲不待，我想朱诺心里也必定是后悔的。年轻人本有那么多的机会和可能来选择，她只是选了一条后知后觉是错误的路。但她并非一无所获，她的婚姻教训换来的机会和痛失亲人的悔恨，会一直伴随着她，提醒她擦亮眼睛面对今后的每一个选择。背叛或许在当今的情感生活中并不罕见，但揪着过错惩罚他人也惩罚自己一辈子，便太不值得了。

只有猫知道我有多爱他

我们同样聚向唐人区，在那里平息刚跨入异乡的惊魂。

在那里找工作、找房子、找安慰，找个定定心的地方来完成从热土到冷土的过渡。

我们同样挤住在窄小、失修的屋里，一群人分担房租。安全感便是一群人相等的不安，幸运感便是同伴们相等的不幸。

然后，我们像你们的后代那样，开始向洋人的区域一步一探地突围。

——严歌苓《扶桑》

米娅是我见过的最美丽的中美混血姑娘。

我毕业之后，来到洛杉矶工作，与米娅合租了同一间小公寓。我们各自拥有一间狭窄的、只放得下一张床和一张书桌的卧房，共用一间更狭窄的洗手间加浴室，以及一个更加狭窄的简易厨房。

米娅拥有亚洲人的黑色瞳仁和黑色头发，却有着白种人的深眼窝和高鼻梁，和容易长细小雀斑的白皙肤色。她个子很高，并不瘦，有着充满健康活力的好身材。之所以说她是我见过的最美丽的中美混血姑娘，是因为她既具有东方人特有的灵动双眸，又有着西方人夸张生动的表情，这给她美丽的外表增加了许多魅力。

我们都是早出晚归地忙碌，彼此了解并不多。我只知道她在香港出生，十几岁的时候随家人移民美国得克萨斯州，家里还有两个弟弟。由于学费太高，她读书时选择了便宜又离家近的社区大学，拿了两年全 A 的成绩，因此转到了加州大学一所不错的分校，还得了部分奖学金。她和我差不多同时毕业，在洛杉矶一家证券公司工作，靠着会多种语言的优势，常常和华裔打交道。

我和她熟起来，是因为一只猫。

那天我早上出门上班的时候，正好她也在收拾出门。我先她一步，刚坐进我的车里，用钥匙发动车子，她突然冲出门来，慌慌张张地拍打我的车窗，叫我停下。我连忙熄火，摇下车窗问她怎么了。

她没回答我，却突然蹲下身去。

我下车一看，她从我的车前轮下抱出一只脏兮兮、软乎乎的小白猫，脏得已经看不出颜色，身上的毛腻成一坨一坨，特别小，两只手几乎可以把它托在掌心里。

我虚惊一场，心想还好没有伤到这个夜里躲在车轮下取暖的小东西。于是我象征性地跟她道了声谢谢，就开车上班去了。

可是没想到，那天下班回家，就看见那只小白猫已经被米娅洗出了原本的白色，正瑟瑟缩缩地窝在厨房垃圾桶旁边一个被我扔掉的快递盒子里，旁边还有米娅放的一碟估计是食物的东西。

我不喜欢小动物，更是害怕猫狗，自己不养，也怕周围的人养。没想到米娅竟然把这小东西直接带回家来，也不问我一声，我就有点不满。正在犹豫着怎么跟米娅说，米娅听见了我回家的声音，立刻从房间里出来，小心地问：“对不起，我把它带回家来了，你不介意吧？留在外面它没有吃的，还可能被车轧到。”

看到米娅诚恳地求我，我生不起气来了，只好同意她把猫留下，但是我跟她强调了我不喜欢猫，希望她不要让这只猫影响我的生活。她一口答应。

米娅给猫取名叫 Sneezer，我觉得特别好笑，因为 Sneezer 是动画片里一只老鼠的名字。不过那是她的猫，她喜欢叫什么就叫什么好了。

我从未养过小动物，连亲密接触都很少。小猫在我们家里待的时间长了，我渐渐变得不那么讨厌猫了。它胆子很小，从来不往门外跑，也不进我的房间，似乎知道我不喜欢它。我开始还有些怯怯的，不太习惯在做饭的时候它在我脚边绕来绕去，但后来竟也慢慢地习惯了。

猫喜欢跟米娅亲近，似乎知道她是救命恩人一样。神奇的是，米娅喜欢的人，它便喜欢；米娅不喜欢的人，它便不喜欢。米娅跟我说，她有时会带朋友来家里，猫看得出来她同客人的亲密程度。若是米娅的闺蜜，它就会在人家脚边绕来绕去地不认生，还时不时地凑过去挠一挠客人的袜子；若是米娅并不太熟或是并不太喜欢的客人，它就默默地躲到一边自己的窝里，若是有客人不识趣地伸手去逗它，它还会扇人一爪子。

只有一个人除外。

这个人就是米娅的男友 Peter，也是华裔，家境优越，和米娅是在洛杉矶读书时认识的。

米娅后来说，她自己的母亲嫁给了白人，虽然借此带着孩子们移民美国，过了几十年她老家的亲朋好友“想都不敢想”的所谓“好日子”，但第一代移民的民族自尊心和自卑感却在心里扎了根，终生挥之不去。母亲一辈子没有再回过香港，却几十年都不说一句英文。米娅和弟弟从小说英文长大，在母亲的逼迫下学会了中文，却也只有在跟母亲说话的时候才会用。

母亲希望米娅找一个父母都是华裔的男孩子。米娅想，或许她和父亲这些年的生活并不幸福，才会有些偏激地不想上一代的选择在儿女身上重演。

米娅以前找过白人男朋友，但后来由于性格不合而分手。米娅的母亲痛斥她活该，说白人男孩子选择和她在一起纯粹是由于他们的 yellow fever（指白人对亚裔黄种女性的偏爱），他根本就不爱她。米娅无力辩解，还好后来遇到了她喜欢的 Peter。米娅的母亲觉得他们很般配，也相处得很好，才不再唠叨她。

只是 Peter 并没有那么喜欢她。她和 Peter 相处有两年了，他有自己的生活圈，偶尔才会叫米娅去约会，来家里的机会更是几乎没有。

他来的时候，猫不欢迎他。他和米娅在厨房一边做饭一边说话，猫就会爬上灶台，一会儿踹翻了米娅洗菜的盆，一会儿把放在一边包着保鲜膜的生肉踩出爪子形状的缺口。他和米娅在房间里聊天，猫也会窜来窜去，一会儿挠门，一会儿爬窗，不得安生。

米娅很爱他，也很认真地准备和他的每一个约会。Peter 家境比米娅好，偶尔送她一些价格昂贵她买不起但却喜欢的香水和饰品等来哄她开心。但米娅心里清楚，他骨子里的花心和多情是她再爱他也无法改变的事实。他不喜欢米娅进入他的生活圈，因为他的生活圈里有可以升级成女友的人选。或许被禁止进入他生活圈的女生不止米娅一个，只是她不知道而已。

那天我回家的时候，还没进门就听见了米娅和她男友在房间里大声争吵。我打开门，猫嗖地一声窜过来咬住我的袜子，还胡乱地扯。我这才看到厨房一片狼藉，菜板上还未切完的菜被猫踩得乱七八糟，一整卷保鲜膜被它拽了出来扯得到处都是，角落的垃圾桶也被它弄倒了，垃圾散落一地。

还未等我上手收拾，米娅房间的门就开了。Peter 气冲冲地走出来，摔门而去；米娅一个人坐在房间里，大声抽泣。

我不敢去打扰她，只好在厨房里收拾卫生。刚才还扯着我袜子的猫小心翼翼地进了米娅的房间，不闹不跑了，在她身边坐下，看了看她，舔了舔爪子；舔了舔她的手，又舔了舔爪子。

厨房被我收拾干净了，一人一猫也已不知在房间里坐了多久，米娅终于通红着眼睛走出来，拿出冰箱里的猫粮，倒在碟子里，又拿出冰箱里的剩饭，倒在盘子里，一人一猫就在厨房吃起饭来，方才的争吵就像没有发生过一样。

后来，米娅说："只有猫才知道我有多爱他，也只有猫知道我有多傻。他觉得他送些小东西给我就能够让我像他的其他秘密女友一样缄口不言，可我不像她们那样无脑。我要的不是一个周旋于女人中的情圣，我要的是属于两个人的幸福和未来。"

我说："真高兴你想通了。你这样优秀的女生，完全不值得在他身上浪费青春。连猫都懂的道理，你怎么才明白？"

在美国读书那两年，由于专业的原因，我见过很多华裔学生，他们大部分都从未去过中国，那个他们父母成长奋斗的地方；他们讲着从小从父母那里学到的或字正腔圆或带不明口音的普通话，却在美国好友问他们跟中国有关的事情时一问三不知。我们东亚系的通识课上常会有很多华裔本科生来旁听，京剧、建筑、红楼梦、文物考古……他们操持着作为外语的中文，从浩瀚的典籍中一知半解地学着如今许多中国学生都无暇去了解的东西。

他们是彼岸的异乡人。

很多华裔姑娘并不觉得自己不是美国人，也不介意她们的白人男友喜欢她们是因为她们长了一张有特色的东方面孔。但她们中的大多数人都明白，相比 where are you really from（你实际上来自哪里），who are you（你是谁）才是更重要的问题。面对爱情，她们爱上的是一个人，而不是他的国籍和肤色。

后来，米娅说，她妈妈为此又责备了她很久，说她不懂得珍惜。她说："不懂得珍惜的是他，不是我。"

和米娅只做了半年室友，我就搬走了，自己租了单间。我和米娅还保持着联系，她有时还会发猫的照片给我，还问我现在是不是还那么讨厌猫。

我说："我还是不喜欢猫，但我不讨厌 Sneezer，因为它是你的知己。"

米娅说："我的下一个男友，一定要 Sneezer 喜欢才行。"

我说："有道理。如果你的下一任男友造访时 Sneezer 还是会大闹天宫，那你真要好好地考虑一下了呢。"

回忆是最美的风景，但我绝不会旧地重游

生活上依赖别人，又希望得到别人尊重，那是没有可能的事。

——亦舒《承欢记》

瑾湜第一次离开家独自出远门，就是坐了十几个小时的飞机，直抵大洋彼岸的美国。在这之前，她甚至都没有坐过飞机，过安检之后，看到父母站在外面望着自己的样子，她一下子忍不住，眼泪就出来了，就那样哭天抹泪地登了机。

瑾湜的父母对她呵护、看管得在同龄孩子中有些过了头，是有原因的。瑾湜三岁的时候，妈妈把她从幼儿园接回家的路上，停下来在路边买水果。一个陌生人给瑾湜递了一支棒棒糖，瑾湜放开了妈妈的手，向那人走过去，接了棒棒糖，根本没有意识到那个陌生人牵了自己的手就要走。还好街边卖冰棍的老爷爷认识瑾湜和她妈妈，喊了一嗓子。瑾湜妈妈赶过来的时候，那个陌生人已经钻入人群，不见了踪影。瑾湜自顾自地咬着棒棒糖，被妈妈没头没脑地大训了一顿，哭了一鼻子。

瑾湜于是从来没有独自上学放学过，一直到她去上海读大学之前，她父母每天都要接送她。大学四年，瑾湜被室友们嘲笑了无数次，她不敢一个人出校门，每天天黑之前一定要回宿舍，放寒暑假的时候，她父母提前开几个小时的车到学校来接她回家，开学时再把她送回学校。

有时瑾湜也在想，自己的父母是不是把自己保护得太好了？她好想像同龄的同学一样，结伴去爬山，去海边游泳，去游乐园坐过山车，吃着火锅唱着歌，坐几天几夜的火车去很远的远方。

送瑾湜出国留学，是长年把她拴在身边从未放过手的父母做的最大胆又心痛的决定。瑾湜兴奋不已，她终于可以像她羡慕的同学们一样，只身去一个陌生的国度闯荡了。

结果，她的兴奋在拐过了安检口看不见父母的身影那一刻开始就全盘崩塌，被无助和恐惧所取代。十几个小时的飞机上她一直在哭，哭累了睡，睡醒了哭，邻座的一个中年妇女开始还同情地看了她几眼，后来就干脆懒得理会，把毛毯往脸上一盖，在瑾湜的抽泣声中呼呼大睡。

直到黑夜变成白天，东八区变成西八区，飞机也逐渐接近目的地，瑾湜才肿着一双兔子眼去洗手间洗了脸。回到座位上的时候，却怎样也找不到本来背在身上的小包了。包里装着她的护照、签证和表格，还有特意去银行换的美金现钞，她全部的重要物品都在里面。

瑾湜惶恐地钻到座位底下，在昏暗中四下里摸索着，却一无所获。她手心发凉，双脚发软，刚刚忍住的眼泪又涌了出来。

这时，一只手轻轻地拍了拍她的肩膀。她满脸泪水地从座位底下抬起头，映入眼帘的是自己那只熟悉的黑色小包。一个男生微笑地看着她，说："同学，你的包落在洗手间了。"

很久以后，当瑾湜再想起在飞机上见到曾迅的那个场景时，她已经想不起他当时还说了什么，他的表情是怎样的，自己的反应又是怎样的。

她只记得是曾迅陪着她填了入关的申请表，陪她过了关，取了行李，陪她坐出租车一直到学校。

曾迅后来说，他在等待登机时排在她后面，知道他们是坐同一班飞机前往同一所大学报到的中国留学生，也看着她在飞机上哭了一路，又在洗手间门口捡到了她丢下的包。

曾迅是她离开家乡之后认识的第一个真正意义上的朋友，也是她孤身一人来到美国之后唯一的依靠。

瑾湜的身边有很多这样的中国女生，来了美国之后，得到了身边男同学的无微不至的关怀帮助，又敌不过异国他乡的空虚寂寞，就跟人家顺理成章地在一起了。瑾湜和曾迅也一样，两个人在外求学，一起面对困难，总比一个人要多些勇气和胆量。

瑾湜在电话里告诉父母她在美国找了一个男朋友，两个人遇到事情会相互商量，晚上下课晚了也有人接送。远在国内的父母也算安心了些。

后来，两个人搬出了学校宿舍，和另两对情侣一起合租了一间大公寓。瑾湜在学校的留学生注册处更新了自己的地址，还把自己的紧急联络人填上了曾迅的姓名和电话。那时，她是从心底感激曾迅的，觉得他比自己成熟、有担当，来美国之后多亏有他，自己才能在真正离开父母之后，有惊无险地在美国开始新的生活。

但瑾湜却深知，作为男朋友，曾迅并不合格。他会在瑾湜需要他帮忙的时候帮忙，但其他时候他只是忙于自己的学习和休闲娱乐，两个人从未有过情侣间的无话不谈。他经常和瑾湜不认识的同学出去玩到很晚回来，她问的时候他则含糊其辞。

那又能怎么办呢？瑾湜除了他，没有别人可以依靠。

来美国半年多了，由于学业忙，两个人一直没有出远门去旅行。圣诞的时候，曾迅突然提出要趁假期出去玩，不过是和另一对情侣一起。瑾湜虽然希望只有他们两个人去，不过既然曾迅有心带她出去玩，她自然也是开心的。那对情侣是曾迅的朋友，瑾湜并不认识。出行攻略和租车都是曾迅他们一手包办的，瑾湜和曾迅在一起久了，也安于当生活白痴。

一路上都很顺利，美国东海岸沿岸的自驾线路风景秀美，大家拍了很多好看的照片，相谈甚欢。

他们在新奥尔良附近停留的那个晚上，瑾湜由于疲倦，早早就回到旅馆睡下了。半夜醒来的时候，发现曾迅还没有回来。她点开灯，等了很久，直到听见走廊里响起脚步声和说话声。她听出了曾迅的声音，打开门却看到他和同行情侣中的女生在房间门口搂抱亲吻。

被瑾湜撞见的两个人居然毫无尴尬的神色，女生转身回了房间，曾迅也像没事人一样进了屋。瑾湜气得发抖，要曾迅解释清楚。他却说，没什么好解释的。

“我就是玩一玩，大家两厢情愿。”曾迅说，“再说，我也没说要跟你分手啊，你放心，你还是我的女朋友。”

瑾湜歇斯底里，大声哭闹着要曾迅坦白到底瞒着她做过多少对不起她的事，把曾迅逼得也发了火。两个人口不择言地大吵了一架，曾迅拿了自己的行李摔门离去。

那是她度过的最漫长的一个夜晚。她一个人流着泪枯坐到天亮，却发现曾迅走了，和那对同行的情侣一起。

她被三个人扔在了距家几百公里的新奥尔良，她提着自己的行李离开了旅馆，才发现方圆几十公里之内没有任何公共交通。

那是她度过的最漫长的一个白天。她回到旅馆，在前台以高价叫了出租车，让把她送到最近的市内长途汽车站，买了一张慢车票，坐了十个小时回到了家。到家时已过午夜，房门钥匙在曾迅手里，她只好叫门。但合租的室友们都趁圣诞假期出去度假了，没有人在家。

后来，她给同学们打了一圈电话，终于找到一个可以让她留宿的女生。坐在家门口等同学来接的时候，她给国内的父母打了一个电话。听到父母声音的时候，她委屈得要命，拼命地忍着才没有在电话里哭出声来。

她是那么信誓旦旦地让父母放心，让他们相信她在美国能好好的，她不想让他们想象自己落魄的样子。

那时她想，如果没有曾迅的存在，自己一个人难道就活不下去了吗？如果当时在飞机上不是曾迅而是别人捡到了她的包，难道她也要赖上别人做男朋友吗？如果当时她的包没有被人捡到，甚至她一在美国落地就丢了所有的钱和证件，就是世界末日了吗？

身边单身的女留学生那么多，她们是怎么过来的？难道每个人都要寄生在另一个人身上？难道每个生活白痴都要靠别人的救赎才能走完人生？

活了二十几年，她总算开始希望摆脱寄生在别人身上的命运了。

在同学家借宿了两天之后，瑾湜等来了室友，回家取出了自己所有的东西，搬出了那间公寓。她换了电话号码，也把在学校注册的紧急联络人的名字改成了别人。她知道，曾迅永远不会在她需要紧急联络的时候出现了。

虽然瑾湜并没有在一夜之间摆脱生活白痴的身份，她还是经常会弄丢学生证，搞错银行账号，忘了付水电费，记错课程表，出门迷路，但她慢慢地学会了接受这一切并不是世界末日。生活即使千疮百孔，还是要继续。只要生活还在继续，一切错误就都值得去挽救，也都还来得及。

两年之后，瑾湜拿到了毕业证书，在回国之前和几个要好的闺蜜计划了一次去中部的旅行。瑾湜自己做了出行攻略，自己租了车，并且全程自驾。几个女生兴致高昂，还一致称赞瑾湜安排的路线和住处选得好。瑾湜简直自豪感爆棚，觉得自己终于摆脱了生活白痴的名号。

回国后，瑾湜的父母曾经问过她当初为什么和男朋友分手。瑾湜便简单地答："没有他我也可以过得很好。"她在上海找了一份工作，和相熟的朋友合租，生活充实而简单。在美国的两年，仿佛已经是很久很久以前的事，又仿佛才刚刚经历过。但无论怎样，过去的事情总归已经过去，是时候从回忆里抬起头，充满希望地向前看了。毕竟不是所有的故地重游都会重温旧情，前方更好的风景才更加不容错过。

时间使我们忘记爱情

当时间过去，我们忘记了我们曾经义无反顾地爱过一个人。

忘记了他的温柔，忘记了他为我做的一切。

我对他再没有感觉，我不再爱他了。

为什么会这样？

原来我们的爱情败给了岁月。

首先是爱情使你忘记时间，然后是时间使你忘记爱情。

——张小娴

都说分手的情侣如果能够大大方方地继续做普通朋友，那一定是从来没相爱过。爱过的人，分了手简直像是蜕了一层皮，十指连心鲜血淋漓般地痛，即使长好了肉结好了痂，心里也有一道疤，不碰则已，一碰依旧钻心。

也正因此，分手的情侣极少再谈起对方，即使不得不谈起，也极少有美言，但碍于面子，冠冕堂皇装腔作势地说彼此性格不合、脾气不对盘、爱好差太远、三观不相同等。但说的人和听的人都明白，不过就是拉不下脸来光明正大、毫无理由地恨对方而已。等什么时候连谈都懒得谈了，才是真的过去了，不爱了。

彦怡和阿洛却不是这样，他们是我见过的最坦诚的情侣。少年相识相恋，彼此携手走过十七八岁的青春年华，在穷得一无所有的时候有情饮水饱，磕磕绊绊地过了七年之痒，然后在彼此都发展得越来越好，就差一纸婚约的时候，却分手了。我们一众共同好友扼腕叹息："又丧失了一对模范情侣，再也不相信爱情了。"

我们万万没想到的是，彦怡和阿洛的分手却成了我们这些局外人噩梦的开始。

彦怡本来是个要强又独立的女生，和阿洛在一起的这些年，她也从来没有放松过在学业上的努力和提高自我，但和阿洛的分手一下子击垮了她。那时她硕士毕业两年，工作刚刚趋于稳定，正在用业余时间拼命啃书准备考注册会计师证，突如其来的感情挫折把她本来规律的生活打乱得成一团糟，她几乎没有心思上班和准备考试，整天浑浑噩噩，一到下班和周末就轮番约我们这些朋友出来陪她吐槽。鉴于这是她人生中的第一次失恋，我们不好太严厉地打击她，只好轮流抽出时间任劳任怨地请她吃饭、喝咖啡，听她碎碎念。

"我跟了他这么多年，我容易吗？"彦怡一边把高热量的奶酪蛋糕塞进嘴里，一边说。

"想当初大四的时候，他那么一个既不上进又不努力的人，要不是我逼着他考研，天天看着他复习背书，他怎么可能考得上本校？那时候我也在准备考试出国，还要每天为他做夜宵给他补身体，怕他复习太累，我容易吗？

“要不是我在美国帮他写文书查学校做申请，他怎么可能申请到出国交流的机会，还有奖学金？我一个女生，帮他四处跑看房子，去机场接他，陪他报到，帮他搬家，每周末去陪他给他做饭打扫房间，简直是个女汉子。他呢？自己天天下了课除了打游戏还是打游戏，作业写不完还要我帮他。我周末开车好几个小时去看他，他倒好，跟同学出去玩去了，把我自己晾在家里。他毕业要回北京发展，我就跟着他回北京发展。他在哪儿找工作，我就就近陪他租房子，我自己上班要倒地铁一个多小时，我抱怨过吗？

“现在的男人怎么就这么不懂得知恩图报呢？我为他做了这么多，他反倒跟我越来越没有话说，嫌我管着他，天天说他，一点都没有个女朋友的体贴样。我这样还不够体贴？衣食住行还有哪一点我没有照顾到他？他妈没有做到的我都做到了。最重要的是，我挣的也并不比他少！我也是个事业爱情两手抓的女强人！他有什么资格要跟我谈分手？要分手也得由我来说啊！”

至于阿洛那边，我虽然没有亲耳听到，但相熟的朋友也在频频吐槽，阿洛在跟彦怡分手之后也是百般抱怨彦怡的不是，说她管他管得像个老妈子，在共同的朋友面前斥责他，从来不给他面子，他工作上的决定她都要自作主张地掺和，好像她比他厉害很多懂得很多一样。跟她在一起这些年，早就没有了当初热恋时的甜蜜，只有每天下班回来两张相看两厌的脸和无休无止的争吵，相处的每一刻都像在受刑。

“我们为什么会变成现在这样？是不是当初早点结婚就好了？就不会分手了？”彦怡说。

“我们为什么会变成现在这样？这样要是结婚的话岂不是更恐怖？还好分手了。”阿洛说。

后来，我们也问过彦怡，是不是还怀念他们以前热恋时的日子。

彦怡说，怀念是怀念，但总觉得现在的他已经不是热恋时的那个他了。

而现在的她在阿洛眼中，和以前热恋时的她又只剩几分相似呢？

爱情总有保鲜期。两情相悦的甜蜜，总要逐渐交付给细水长流的陪伴，而最初的那份好奇与悸动被熟悉和安稳取代之后，即使没有劈腿没有小三没有狗血剧情没有虐心虐恋，彦怡和阿洛的感情还是让人惋惜地夭折在了鸡毛蒜皮的小事里。由于两个人没有本质上不共戴天的矛盾，分手又分得不痛不痒，两人才会在分手后不自觉地变成了祥林嫂，变成了复读机，极尽所能地指责对方的不是，以此来推卸自己在经营失败的感情当中应负的责任。

那个他们爱过的对方，早已不复存在了，留下的只是付出多少的斤斤计较。或许他们惋惜的并不是失去的感情，而是在感情中失去得更多却没有得到回报的自己。

后来，彦怡实在是把我们这几个周围好友烦得无可奈何，终于有朋友忍不住了，毒舌地批评了她一番，无非就是说她作为一个新时代的女性，还在以自己的牺牲程度和付出多少来衡量两个人之间的情感强度，是幼稚肤浅的体现。谁也不是谁的救世主，如果爱他，付出再多也是你心甘情愿，就不要怪他不知恩图报，也不要抱怨自己热脸贴上冷屁股；如果不爱他，就干干脆脆地放手，不用再付出，更不用记恨他没有良心。分手了还在大事小事地抱怨，无非是心疼自己多年的付出，但其实仔细想来，你是为了他，还是为了标榜为爱牺牲的自己？是伤心他不爱了，还是伤心自己那所谓高尚无私的情怀落了空？

说到底，一个人愿赌而不服输的时候，也无非是因为觉得自己运气不佳，选错了下注的那个人而心有不甘，而你记恨他的时候，也无非是在记恨那个错付了真心的自己。

彦怡后来从朋友那里辗转听到阿洛背后说她的那些话，也就渐渐想通了。自己付出的再多，人家不想要，也不会觉得你是为了他好。而自己更没有必要活成一个弃妇，逢人就念叨世风日下人心不古，毕竟，拱了白菜的猪都不会对白菜说声谢谢。

想起和阿洛分手后的那段时间，彦怡唯一的遗憾就是那时整天浑浑噩噩，没有复习好，结果迟了两年多才通过了注册会计师的考试。不过后来彦怡的工作发展得越来越好，朋友之间开玩笑时再谈起阿洛的时候，她也会哈哈一笑，说："谁还没有个黑历史呢。”也就一带而过了。果然，分了手的情侣，等到连谈都懒得谈起，提到前男友的时候还要花点时间想一想他的名字和长相的时候，那才是真的翻过这一页了。

Chapter 2
多少次散场忘记忧伤，谢谢你让我变得坚强

终于忘记你，还好我没放弃

曾经接受他，接受他进入你的世界、你的生命、你的身体，他所及之处，因此全变成玫瑰色，一种樱花盛开在阳光下会齐齐汇聚成的渺茫迷离的杏仁香气。

——朱天心《初夏荷花时期的爱情》

下定决心和陆扬分手，小棠也是考虑了很久。她从来不是个擅长拒绝的人，更不是个在感情里能够主动做出决定的人。

和陆扬的感情，断断续续地走了将近十年。小棠明白，如果再不做出决定分手，她和他的这一辈子，都将在这场感情里精疲力竭地耗完，然后同归于尽。

和陆扬的相识是在升高中的那个秋天，小棠他们都是本校初中升上来的，只有陆扬是从别的学校转学过来的。他和班里的同学都不认识，只和同桌小棠慢慢地熟悉起来。

小棠的闺蜜们都打趣他们。小棠活泼开朗，陆扬腼腆内向，同学们一开玩笑，小棠一个女生还没说什么，陆扬的脸却先红了。长此以往，小棠的闺蜜们更加坚信陆扬对小棠有着非同寻常的感情，但凡有活动，一定千方百计创造机会让他们两个单独相处。小棠大大方方地不说什么，陆扬自然更不好说什么。

两人就那样暧昧着过了高中三年。高考报考的时候，陆扬问小棠要报哪里，小棠就指着她的志愿表给他看。结果陆扬接过去就一字不差照着填了下来。小棠看着他伏在桌上专心写字的侧影，心里说不清道不明的情绪就甜丝丝地泛起来了。

或许是老天对他们的眷顾，两个人发挥得都不错，考到了北京同一所大学。顺理成章地，两个人在美丽的大学校园里谈起了恋爱。

说是恋爱，不如说是小棠从此多了一个人要照顾。陆扬其实就像个没长大的孩子，从生活起居到课业规划一团乱，小棠是他的女朋友，但更像他的妈妈或者保姆。她每周要把陆扬在宿舍里扔得到处都是的衣服收到水房去洗，提醒他换内裤换袜子换牙刷换毛巾，每晚给他打好两热水壶的开水放在宿舍，每周体育课上完之后提醒他换掉汗湿的T恤。每学期她要帮他选课，还要每天按着他的课表提醒他去上课。无聊的公共课他常常懒得去上，要么窝在宿舍睡懒觉，要么跟宿舍的哥们儿出去打游戏。小棠一节课不落地帮他去上，记好笔记，划好重点，期末前看着他背下来以防他挂科。

这些倒都不是问题。年轻时的小棠，觉得自己义不容辞地肩负着让陆扬过上好生活的责任，这些本不该她负责的事情，她全都大包大揽下来，仿佛她真是陆扬的监护人一样。

但陆扬孩子气的表现还不止这些。即使小棠包揽了他的全部生活杂事，偶尔小棠指责他逃课太多或是宿舍太乱，语气重了点儿，陆扬就会生气。他生气的表现，一是委屈地哭；二是离校出走。拉着小棠的袖子抹鼻涕也就罢了，他曾经在三九寒冬的晚上一气之下离开宿舍，一路走出学校大门，冒着风雪走了很远很远，直到人都快冻僵了，才找了家网吧窝了一晚上。第二天才找到他的小棠急得快发疯，他则重感冒在宿舍高烧了好几天才好。

二十几岁的大小伙子了，动辄闹脾气离“家”出走，这让身兼妈妈和保姆多职的小棠无计可施。她还真摆出妈妈的样子，好言规劝过陆扬几次。陆扬每次都委屈地点着头答应，说以后不会这么不懂事了，但下次小棠再忍不住批评他，仍然无济于事，他仍然要耍小孩子脾气。

就这样，两人磕磕绊绊却也没有大波折地度过了大学四年。陆扬的室友都笑他有个妈一样的女朋友，吃喝拉撒都要人家来照顾。小棠的闺蜜也都笑她找了个儿子一样的男朋友，非但得不到他的照顾，反而还要去照顾他。

小棠知道，陆扬离不开她。他的生活是她一手包办的，如果没了自己，她简直不能想象他的生活会变成什么样子。而她也因此更离不开陆扬了，她觉得自己是他的救世主，陆扬对她的依赖和信任让她在他身上找到了一种奇异的存在感，她觉得他们两个就像一种寄生关系，难以名状却又藕断丝连地纠缠下去。

毕业之后，两人都在北京找了工作。作为刚入职的职场新人，两人微薄的薪水加起来只够租一间便宜的一居室，再除去两人简单的吃穿用度，就什么都不剩了。小棠知道这只是个起步，她努力工作，希望能够尽量让两个人的生活早点变得更好起来。陆扬却很是安于简陋的生活，他下班回来就躺在床上打游戏等着小棠回来做饭，如果小棠加班晚回来，他就吃泡面，这是小棠教会他的唯一会做的食物。

毕业后第一年春节，小棠带陆扬见她父母。由于小棠一直在父母面前把陆扬夸得特别好，她父母也并未对他过多盘问，只是觉得这个孩子还是有点年轻，在未来的发展上还没有具体的打算，或许时间长了就好了。

陆扬带小棠回家见父母的时候，陆扬的父母却发现小棠是个合格的女朋友，更是个可遇而不可求的未来儿媳妇。他们有多清楚他们的儿子不懂事，就有多希望儿子能早点把这个能管着他照顾他的儿媳妇娶回家。

年刚过，陆扬和小棠前脚回了北京，陆扬父母后脚就登了小棠家的门。小棠父母吓了一跳，不明白他们为什么那么着急，毕竟两个孩子还年轻，刚毕业没多久，工作也刚刚稳定。

急着提亲的陆扬父母一走，小棠妈妈就给小棠打了电话。知女莫若母，她觉得他们急着让两个孩子结婚，一定有小棠没有告诉她的原因。

小棠也很意外，虽然她照顾了陆扬这么多年，却一时半会儿还真没想过要马上结婚。她只好跟妈妈坦承了她和陆扬的状况，也表示她现在还不想立刻结婚。

听了小棠的坦白之后，小棠父母的态度明确起来，他们希望小棠尽快跟陆扬分手。谁会希望自己的女儿嫁给一个既没有上进心，又没有生活自理能力的男人？

那时的小棠，工作上刚有起色，稍稍加了薪水，做起工作来也游刃有余了。但在忙碌于工作的同时，她还要照顾着陆扬，不免有些顾此失彼，心力交瘁。她也在反省，到底陆扬是不是自己那个对的人？他们之间到底是爱情、亲情，还是别的感情？

第一次试着跟陆扬提出分手的时候，陆扬愣了很久，然后腿一软跪在地上抱着小棠的腿大哭，说："我哪里做错了？你为什么不要我了？你不是说过要照顾我一辈子的吗？你不是决定要嫁给我的吗？"

小棠一看他哭，自己也想哭，就心软了。

第一次提出分手以把哭累了的陆扬哄睡而告终。

第二次提出分手是在半年以后。小棠要出差去上海一个星期，她把洗好的衣服叠满了衣柜，告诉他每天上班穿哪一套，把买好的半成品食物堆满了冰箱，告诉他每天晚上回来吃哪一个，告诉他马桶堵了怎么办，停水停电了怎么办，有人送快递来怎么办，等等，然后才终于安心地飞去上海了。

一个星期以后小棠回来，万幸的是她担心的停水停电马桶堵了等情况都没有发生，不过家里仍然是超出她想象的一片狼藉——攒了一个星期的垃圾、泡面盒子、瓜果皮核都堆在餐桌上，攒了一个星期的衣服四处扔在地上，洗手池旁边她走之前给他倒的半杯漱口水和挤好牙膏的牙刷竟然还原封不动地摆在那儿。而陆扬自己正睡在床上，鼾声大起。

精疲力尽的小棠愣了五分钟，一屁股坐在自己的旅行箱上，崩溃大哭。

哭声惊醒了睡得正香的陆扬。他迷迷糊糊地睁开眼看见小棠，问：“你回来啦，几点了？带夜宵了吗？”

崩溃的小棠把他从床上揪起来，赶出了家门。

刚把他赶出门没过十分钟，小棠就后悔了。这大晚上的，他没带手机没带钱包，能去哪儿呢？

为了不胡思乱想，早已疲惫不堪的小棠只得把一片狼藉的房间一点点仔细收拾齐整，垃圾扔掉，衣服洗好。等到一切都忙完之后，小棠又开始担心起陆扬来：他有没有去同事或者朋友那里借住？能借个电话打回来报平安吧？或者他就是在外面转一转，过一会儿就自己回来了？

终于，小棠坐不住了，拿起手机开始挨个给陆扬的同事和朋友打电话。但是由于夜已深，大部分电话都没人接听，偶尔有两个接起来的，也是正睡着，迷迷糊糊地说不知道。

小棠等到凌晨三点，陆扬还是没回来，她这才真的害怕了。

她不敢吵到远在外地的两家父母，又不敢一个人出去找，不敢报警，只能坐立不安直到天亮。

后来，小棠接到了陆扬公司看门大叔打来的电话。陆扬外套口袋里只有公司大门门卡，他跑到公司的门廊里睡了一宿。

后来，小棠就跟陆扬说："我们分手吧，别互相折磨了。"

陆扬就又哭，说："我们没有互相折磨，我们是最适合在一起的，小棠你不要离开我。"

小棠哭笑不得，说："陆扬，你到底爱过我没有？"

陆扬不说话，哼哼唧唧地哭了一会儿，说："我不能没有你。"

"我不能没有你"和"我爱你"，甚至"我爱过你"，都不相同吧。那么，小棠自己到底爱不爱陆扬呢？或许她是爱过的，但最初对爱情的好奇逐渐转化成疲倦却艰难的责任维系。陆扬不能没有她，那么她能不能没有陆扬呢？

然后，陆扬就当着小棠的面给他爸妈打电话，哭哭啼啼地说："小棠要跟我分手。"

经不住接连一个星期的陆扬爸妈轮番电话的轰炸，小棠的第二次分手终于又不了了之。

但这一次，小棠是真正地下定了决心。虽然她从来不是一个擅长拒绝的人，她现在却越发后悔，觉得当年没有早些拒绝和陆扬在一起，是她做的最错的选择。

她觉得自己十年的青春都在和陆扬的拉锯战里消耗得干干净净了。

她在公司里申请了平行调职，准备调去上海。她一直没有跟陆扬说，也一直像平时那样照顾他的生活起居，在买了机票飞上海的当天，还给上班的陆扬准备了早餐。

她把房间打扫干净，把他晚上回来要吃的晚餐放在冰箱里备好，把衣服熨好挂好，一切整理妥当，把自己的一切物品都从房间里清理出去，然后带着简单的行李去了机场。在登机之前，她给陆扬发了一条短信，写道："我们这一次是真的分手了，我不会再给你哭的机会了。希望你以后好好的，做个有担当的男朋友，找到一个比我适合你的女朋友。"然后，她把手机卡拿出来扔进了垃圾桶。

小棠真的再也没有回过北京。如今她在上海已经工作快一年了，生活里的一切都井井有条。少了一个需要照顾的人，她平添了许多和自己独处的时间。她练瑜伽、健身、跑步、学插花、学素描，把自己的生活安排得有声有色，再也没有过以前那样心力交瘁的状态。

她听说陆扬的父母曾经到自己父母家里去闹过，说她没有良心，平白无故地甩了陆扬，还跟陆扬一样涕泪交加地求她父母劝她回心转意。

或许他们心里也知道，除了小棠，可能不会再有哪个姑娘傻到愿意尽心尽力地伺候他们儿子一辈子了。

但那是和小棠再也没有关系的事了。

耗费了十年青春在一个不值得的人身上，小棠也是后悔过的，但她更庆幸自己没有再拖下去耗上更久，甚至一辈子。

优柔寡断又心软的她，终于自私自利地为自己考虑了一次，用十年来放弃一个早应该放弃的人，还给自己自由。

邂逅，是天作之合还是有缘无分？

今生所有缘分，都是前世修炼所得。

所以我们应当相信，今生所有与自己相识的人，前世都结过深刻的缘法。

所有与你我擦肩的路人，前世可能是邻居，是茶友，甚至是知己或亲人。

然而，不是所有的相处，都让人愉悦，时间久了总会生出厌倦之心。

那时候，所期待就是离别，无论是短暂，还是漫长，只愿意相离。

不曾想，一离竟成了一生。

一直想寻找重逢的借口，却还是被流年辜负，从今后，便再也不能相见。

——白落梅

缘分这种事情，乔伊向来是不信的。她喜欢细水长流，喜欢日久生情，喜欢一切水到渠成顺理成章循序渐进的规律，不喜欢突如其来的惊喜。

但缘分这种事情，说来就来，并不会因为你不喜欢就跟你不共戴天。

落俗套的开始，是在大学的图书馆。乔伊那时正在准备考研，每天一大早就等在图书馆门口，排着队抢占自习室有限的座位。乔伊最喜欢图书馆三楼借阅室最角落的那张桌子。那里既靠墙又靠窗，早晨八九点钟的太阳能把人照得精神百倍。

于是每天急着去抢占那张桌子的乔伊就认识了舒铭。因为每天舒铭都会跟她一样，抢占那张最里面的桌子，然后两人就面对面地坐着背一整天的书。看着对面沉默的舒铭手旁和自己一模一样的考研资料，乔伊莫名地觉得像是多了个战友一样的心安。

那年冬天格外的冷。有一个周末，乔伊得了重感冒，整整在宿舍里躺了两天。感冒不要紧，想到马上就要临近的考研，想到躺了两天落下的备考的进度，乔伊的心情就无比焦灼。身体稍好，她定了下周一早上的闹钟，想着可不能再荒废下去了，周一一定要照常去图书馆看书。

但毕竟身体状态不太好，周一的早上乔伊还是睡过了。她挣扎着穿衣服起来，想着这个时候再去图书馆一定占不到位子了。她抱着试试看的运气，还是去了图书馆。走到常去的那张桌子前，她看到舒铭依旧沉默地坐在那里背着书，对面自己常坐的位子上放了几本书，像是被人占去了位子。她有些失望地转身要走，这时舒铭抬起头，看到了她，也没有什么表情，只是默默地伸手把对面桌子上的那几本书挪到了他自己身边。

原来那个位子是他帮自己占的。乔伊愣了一小会儿，也什么都没说，只是装作正常地坐到了位子上，看自己的书，心里却像冬天里八九点钟的太阳一样，暖得融化起来。

后来，两个人甚至达成了一个不成文的规定，不管每天早上是谁先到，都会帮对方占下对面的位子。而后到的那个人，通常会递过去一块巧克力或是一盒牛奶表示感谢。

你来我往地，一直到了考研的日子，但两个人还从来都没有说过一句话。考研的前一天晚上，在乔伊收拾东西准备离开图书馆的时候，她突然想，是不是应该问一下他的名字，是哪个系的。一起自习了这么久，却还不认识，有些说不过去。可是她还没开口问，舒铭却默默地收拾好东西，先她一步离开了图书馆。

乔伊觉得有些失落。考试之后，他就和自己一样，不会再每天来图书馆了，可惜没有叫住他问问他的名字，至少应该说一声谢谢。

考试之后，乔伊感觉并不太好，她有些担心，也很焦虑，但只能捱着时间等待结果。像碰运气似的，她又去过几次图书馆，但常去的那张桌子前坐了陌生的同学，她再没有见过舒铭。

后来，乔伊考研果然落榜了，她心灰意冷地在宿舍窝了几天。那时她想，那个坐在她对面的男生，不知道考上了没有，希望他不要像自己这么运气差吧。

后来，乔伊和同学们一起忙着写论文，忙着去面试，忙着毕业，她逐渐淡忘了那个自习时总是坐在自己对面的男生。

直到毕业典礼那天，所有的同学都开开心心地穿梭在校园里穿着学士服拍照，她突然在人群中见到了那张熟悉的脸。

舒铭也见到了她，那还是两个人在自习室以外的地方第一次见面，两人竟然都有点不好意思，大眼瞪小眼了一会儿，终于一起笑起来。

乔伊说："你也毕业嘛？"

舒铭说："是。"

乔伊说："我考研没考上，正在找工作。你呢？"

舒铭脸上现出有些遗憾的神色，不过他很快微笑起来，说："工作也很好。我考上本校的研究生了，还是会留在这里。你找工作加油。"

乔伊点头说好。她的同学在叫她过去拍合影，她冲舒铭挥了挥手，就跑开了。和同学一起对着镜头大叫茄子的时候，乔伊突然想起，她又忘了问他的名字。再回头看去，人群中早已不见了舒铭的影子。

后来，乔伊和同学们一样，毕业就离开了学校。她在本市找了工作，虽然刚起步，不过她任何事都会尽职尽责地认真去做，也甘愿为前辈们跑腿，干些出力不讨好的活儿。

她没有想到她竟然还会见到舒铭。毕业一年后，她回学校去找保研的室友玩，在校园里竟然又与舒铭偶遇。

两个人忍不住又相视而笑。从来没有问过彼此的名字和联系方式，竟然一次次邂逅，这缘分也是奇了。

乔伊终于忍不住说："在图书馆的时候我就想问你名字的，每次都忘。"

舒铭也笑说："我本来也早就想问你名字的，一直没好意思问，后来还遗憾了很久，觉得遇不到你了，没想到还是会遇到。"

两个人从那时起便熟稔起来。乔伊周末的时候总是会回学校来找舒铭，舒铭也会在没课的时候去乔伊的公司看她，一起吃顿午餐。后来，两个人就顺理成章地在一起了。朋友问起他们是怎么认识的时候，两个人都会既好笑又甜蜜地说："这个说来话长。"

乔伊觉得，舒铭是缘分带给她的最奇妙的事情了。她觉得她一定是上辈子做了善事，这辈子才会得到上天的眷顾，邂逅了舒铭。

但缘分眷顾之后，接踵而来的是两个人的生活习惯和观念的种种磨合。乔伊是有些粗心大意、生活上比较不拘小节的女生，舒铭却是认真严谨、生活细节也要一丝不苟的男生，两个人随着相处的一步步深入，才越来越发现彼此由小到大的不同。乔伊越来越觉得舒铭太计较，小气又矫情；舒铭却觉得乔伊太粗心，不够女性化。

两人由开始时的和和气气欢欢乐乐逐渐演变成三天一小吵五天一大吵，双方都觉出有些不对劲了，但却都不承认，更不愿意自己先做出改变。终于，两人还是因为日常鸡毛蒜皮的琐碎事情赌气分了手。

跟舒铭分手之后，乔伊心里很后悔。她觉得这段缘分是上天给的，但是两个人都没有好好珍惜，甚至分手的时候都没有试着挽回彼此。

分手之后的两个人，又回到了最开始彼此完全没有任何联系的状态。乔伊后来单身了很久，直到遇见了她的下一个男友。没有什么缘分，也没有什么邂逅，就是朋友的朋友介绍认识的。她和他依旧还是有很多很多的不同，但两个人学会了互相磨合，逐渐地在彼此的影响下改变。

后来，乔伊结婚了。过了很久之后，她和舒铭竟然又在人来人往的大街上偶遇了。两个人愣了很久，都有点不敢相信，然后又忍不住一起笑起来了。

“咱们俩的缘分，也真是。”乔伊笑着说。

舒铭也笑，没了尴尬，只有释然。

“你结婚了吗？”乔伊问。

“刚刚结婚。你呢？”舒铭问。

“我也结婚了。”乔伊微笑着说。

两个人又客套地寒暄了两句，然后分开，各走各的路。

乔伊在心里想，这段上天眷顾的缘分，终于可以到此为止了。他们都学会了在相信缘分的同时，更加珍惜已拥有的生活和身边的人。

致前任：其实我比你更强大

其实任何一个人离开我们的生活，生活始终都还在继续。没有人必须为我们停留，我们也不会为任何人停留。想清楚了，不会有任何怨言。

——安妮宝贝《小镇生活》

雪茜以前是我们宿舍力气最小、胆子也最小的女生，从来不帮着室友换桶装水，快递盒子搬不动要找人帮忙，不敢一个人去走廊尽头上厕所，洗苹果发现一只虫子会尖叫着把苹果丢到洗手池里，不喜欢一个人去食堂吃饭、一个人上自习、一个人下晚课走回宿舍，连每次放假坐火车回家都要找个同乡一起走。

我们有时也会笑她娇小姐公主病，但通常笑笑就过去了，觉得她就是这种性格，是从小被家里宠大的，缺乏安全感和一定的独立性而已。

后来她在读大二的时候找了个与我们同校的男朋友，男生高大帅气，和娇小可人的雪茜站在一起的确十分登对，而男生也恰好是稍稍有些大男子主义的类型，喜欢女朋友凡事都要靠他拿主意，冲他撒娇，时时刻刻需要他，让他特别有男朋友的存在感。这样的一个男朋友简直就是上天派来拯救雪茜的天使，同时也拯救了我们这些每天被她拖着去食堂去图书馆去上课的室友们。于是我们就整天看到雪茜和她的男朋友除了晚上回宿舍的时间都腻在一起，像连体婴儿一样，只要在校园里见到一个，不出十秒钟，一定能在五米范围内见到另一个。

我们都看得出雪茜太依赖她的男朋友了，他似乎已经成了她全部的生活，就算他不在场，她和别人讲话也是半句话必提他，秀恩爱秀得旁人被闪瞎眼。我们几个好友想过劝劝她，希望她在和男朋友好好相处的时候也能保持自己的生活圈、朋友圈，否则这样逐渐丧失自我对她来说并不是什么好事。但她正处在热恋期，若是听到我们说一句她男朋友的“坏话”，保不准她会跟我们翻脸，于是我们便只好闭口不言。

不过，我们担心的事情最终还是发生了，两个人甜甜蜜蜜地相处直到大学毕业，毕业分手季的时候，男朋友委婉地跟雪茜提出了分手。她要离开北京回老家，他要去英国读硕士了。雪茜气他没有提前告诉她跟她商量，他说怕她太依赖他不许他去，所以才瞒着她申请了学校。

男朋友向雪茜郑重其事地道了歉，说以后不能留在她身边照顾她了，希望她能找个更好的男生照顾她。

雪茜回到宿舍后摔盆摔碗地发了一通火，说：“这叫什么事儿？他都不说是因为不喜欢我了才跟我分手，反倒说不能照顾我了。我在他眼里就这么废物吗？没了他我就活不成？就他能去留学是吗？有什么了不起的？”

发火归发火，毕业的那个夏天，雪茜破天荒地一个人坐火车回了家，没有找人陪她。我们几个人毕业之后也各奔东西，偶尔联系也仅限于短信上的只言片语。只是我们意外地得知，雪茜在家乡那边找工作不顺利，也在考试准备出国。

后来，雪茜漂洋过海地去了美国，一个人在美国东北的一所大学读硕士。现在的雪茜，和以前大学时的她简直判若两人。她自己租房子、搬家，开车去买家具回来自己组装，大雪天一个人拿着铲子刨被雪埋住的车，车陷在雪窝里干打轮出不来的时候一个人往轮胎上套防滑链，浴室水龙头坏掉的时候一个人拿着盆和桶花一晚上舀干浴室里的积水，耐着性子举着拖鞋追打房间里出现的蜘蛛蟑螂臭虫，面不改色地拒绝夜晚走在街上迎面而来搭讪的小流氓……

看着她在美国的生活如此辛苦却又风生水起，我们都替她担心又开心。

至于男朋友，她倒是又找了一个，和她也是同校的同学，但是两个人相处了没几个月，雪茜就厌倦了，觉得他既没有主见，又不上进，和他在一起，自己的生活并不能变得更好，就果断地和他分手了。这个男生反倒是爱雪茜爱得死去活来疯疯癫癫，雪茜跟他分手之后，他天天等在雪茜家楼下破口大骂，说她水性杨花，极尽侮辱之能事。雪茜完全不为所动，淡定地走出家门，跟他说："你骂吧，这周围老外都听不懂你说什么，有能耐你用英语骂啊。"然后开着自己的车绝尘而去。

后来，我们很好奇地问过雪茜，究竟她是怎样从以前那个娇滴滴的公主病患者变成现在这样雷厉风行的女汉子的。雪茜就摇着头笑，说，不管别人怎样骂自己是娇小姐公主病都没用，还是要过自己这道坎，要自己让自己知道，你比那些大男子主义的男人们都强大，你才会真的从内心往外地强大起来，才能做到很多你以前完全无法想象自己能做到的事。

没有人依赖的公主病患者，总是能自己慢慢痊愈；有人依赖的公主病患者，也必然要经历失去依赖的惶惑与无助，才会慢慢从原地爬起来，一个人沿着自己的路走下去。

致未婚夫：感谢你不娶之恩

归根到底，成年人的世界里，谁都没有孤注一掷的勇气，谁都孤独，谁都迷惘，谁都有自己的防御机制来抵消一切。

——周嘉宁《荒芜城》

终于，小葵还是“被分手”了。

说起来她还是有点憋屈的。相识两年，订婚半年，一切都在渐渐走入正轨，就差领证办婚礼了。

善良的小葵一直觉得是自己的问题。两个人走到今天，自己也有责任。

她和他是相亲认识的。小葵不反感相亲，她体谅父母家人担心自己人生大事的心情，也觉得相个亲不是什么如临大敌的事，合得来就聊聊看，合不来就一拍两散，没什么大不了的。

小葵在新加坡读的大学，后来来美国读了硕士，假期回国期间认识了他，一起吃了几次饭看了几次电影，两个人都觉得对方还算不错，家里又是同乡，富足的经商家庭，算得上门当户对。

小葵毕业回国之后，在离家不远的省会城市的一家企业做财务，他工作的电脑公司离她不远。在男生家里几次催促之后，两家人见了一面，坐在一起商量商量，就把婚给订了。

小葵不讨厌他，甚至可以说挺喜欢他。他长得憨厚，却蛮会说话，总是可以把闹别扭的小葵顺得消了气。小葵一个人在外求学很多年，虽然生活自理能力极强，没有男友的时候也是铮铮的女汉子一个，但心里也是愿意有人呵护疼爱的。只是她那时仍天真地以为婚姻只是他们两个人的事情，不需要也不会有他人干涉。

也正因为如此，两人有矛盾的时候，往往是小葵先做出让步，涉及他家人的问题，小葵也只能告诉自己嫁的是他，不是他家人，最好不要让他在自己和家人中间左右为难。然而，两个人生活上有大有小的差异，就在与家人渐渐增加的沟通中愈发明显起来。

婚姻从来就不是两个人的事情，决定要同一个人结婚就意味着你要接受接踵而来的一系列两个家庭之间所有观念和原则的磨合商榷。小葵的父母比较开明，知道女儿在国外生活多年，习惯和观念跟老一辈人已然大不一样，凡事只要她做主，父母也就乐得放手。但小葵的未婚夫却是个事事听从家里安排的乖孩子，大到房产证上的名字，小到家里谁做饭谁洗碗，都唯父母之命是从。若是他与小葵意见不合，他便会以小葵在外面潇洒惯了、心野了来批评她，进而让她听从他和他家人的意见。

两人订婚后，男方家里出钱买了婚房，房产证上写的自然是男生的名字，小葵也因此被剥夺了任何对装修或摆设发表建议的权利。她梦想中自己的家，是设计现代简洁、颜色纯粹干净、实用又不浮夸的，当她不得不将自己的家全权交给未婚夫一家去打理的时候，她已经预想到会和自己希望的有差距。她只向未婚夫提出了一个条件，她怕冷，她叮嘱他好几次地暖一定要装，不然到了冬天家里会很冷。

新房装好了，当她看到暗红色的地板、红木太师椅、开满艳丽牡丹的电视墙、客厅天花板上五颜六色的吊灯和射灯的时候，她忍住了没有表示任何不满，只是他仍然没有理会她装地热的要求，而是装了暖气。由于房间较大，暖气不够，冬天的时候，室内温度只有十几度。

婆婆兴高采烈地向小葵邀功，说多亏了自己，才把儿子的新房装修得这么完美。

小葵住在这个完全不像自己家的家里面，度过了一个瑟瑟发抖的冬天。

他们的矛盾升级，是由于小葵的升职。她在公司做得很不错，有一个很有发展前途的升职机会，小葵跃跃欲试。求学工作这几年，她养成了在事业上的争胜心和自信心，她不怕每天加班到深夜，不怕隔三差五要出差，她只怕工作没有挑战性，不能实现自我价值。

但小葵的价值，在她未婚夫和婆家的眼中，是有一份稳定的工作，晚上早早下班做饭洗衣，再在可以预见的未来给他们添一个孙子。小葵由于经常加班出差，婆婆又三天两头上门查岗，就请了一个钟点工阿姨，让她每周过来做饭加打扫房间。结果这件事引起了未婚夫和婆婆的共同反感，一致认为她的行为不可理喻，放着媳妇的事不做，花钱请人来家里做活，怎么像话？

那段时间，小葵一边出差忙工作，一边应付着婆家一众人等对自己未尽责任的声讨，他们表示，小葵根本配不上做他们家的媳妇。

结果，她的未婚夫先提出了分手。一家人上门郑重其事地拿回了当初订婚时送的礼，她未婚夫还把两年多以来他送给小葵的大大小小的礼物悉数要了回去。

一身轻地走出那个陌生的家的时候，小葵反而觉得如释重负。她感谢未婚夫的不娶之恩，庆幸自己没有同他走入受法律保护的婚姻，然后顺理成章地生个孩子，心甘情愿地被绑在他的家庭里，做一辈子没有灵魂的附属品。

不过，善良的小葵一直觉得是自己的问题，他们两个人走到分手，她觉得自己也有责任。

她的错误就是从一开始便一味忍让迁就两个人之间的差别，以至于差别逐渐扩大成了巨大的鸿沟，而她还以为这些问题结了婚就可以解决。

对于希望你在家洗衣做饭照顾孩子的丈夫和婆家来说，和他们解释你的事业和前程是无用的，因为你与他们的价值体系和人生观从根本上就完全不同。如果你不是爱他爱到愿意按照他们的模子重塑自己的价值体系和人生观，在家里做一个只会微笑的哑巴，那么分道扬镳终归无法避免。

如愿升了职的小葵，继续为自己的工作而忙碌着。她攒着钱，打算买一处真正属于自己的房子，装修成自己喜欢的样子，有干净的白色墙壁、放着懒人沙发的露台、简单的明黄色落地灯，和宽大松软的床。如果有对的人出现，她愿意欢迎他住进来；如果没有，她会开心地一个人住在里面，认真生活，等着那个人的出现。当然，不管他出现还是不出现，对她来说，自己的路总归还是要自己走的。

谢谢你的绝情，让我学会了死心

她的爱沉浸在海底。就如白日焰火，旁人无从察觉，可是一直在努力绽放。

——电影《白日焰火》

知乎上有一个很火的帖子叫“当万年备胎是怎样的一种体验”，我看到的时候第一时间就想起了思妍。我们两个太熟了，熟到我从来不介意一次一次打击她的自尊心，于是我直接把帖子链接发给她，说：“你看看你的生活，简直就是这个帖子的女生版。”

我在亲密的朋友面前从来是口不择言的，也因此在朋友中口碑并不怎么样。我常常毫无保留地嘲笑她们要么遇人不淑又无法自拔，要么爱上渣男自作自受，要么身陷错误的感情不知如何脱身。朋友们便都很恨我毒舌。只有思妍从来不介意我骂她，她说，我这样嘴贱的都还没把她骂醒，那就没有人能把她骂醒了。

思妍给她喜欢的人当了有多少年备胎，我作为她的多年好友，都记不得了。我只记得她开始在我面前说这个男生有多好的时候，我们应该还在上高中。那时候，思妍的男神就已经展露出“乱花从中过，片叶不沾身”的技能，年级里长得过得去的小姑娘基本上都被他搭了个遍。思妍那个时候还未发育，黑黑瘦瘦，戴着牙套，满脸痘痘，男神压根就把她排除在了广撒网的范围之外。我那时就每天打击她，说她的男神根本就不会看上她的，再说了，这样的人算什么男神啊，不过就是仗着几分帅气骗小姑娘喜欢，绣花枕头一包草。

沉浸在单恋之中的思妍怎么可能听得进去我的忠言逆耳。狂追不得，她采取了智取的战略，跟男神情真意切地说：“我知道你永远都不会喜欢我的，我也放弃了，我只想跟你做一辈子的好朋友。”

好朋友当然就顺利得多了，男神也不会再在她每天早上送上早餐、他打完篮球给他送上矿泉水、下了晚自习送上做好的全对的作业的时候无情地拒绝她了。好朋友嘛，当然要互相帮助，她做这些是应该的，他接受也是应得的。

而倔到头又傻得要命的思妍，却一直大愚若智地坚信，只要自己以最好朋友的身份一直留在他身边，最终有一天会打动他的心。

于是，后来她跟着他，考去了南方的大学，继续在大学里任劳任怨地当着他最好的朋友，帮他追女生出谋划策，帮他给他宿舍里单身的哥们儿介绍女朋友，帮他布置浪漫的约会现场，帮他拒绝他不想理的女生的告白……

直到大学毕业。就在我们都已经为思妍的迂腐不化丧失信心，再也懒得劝她放手的时候，思妍告诉我，她的春天终于来了。男神跟她说，让她原谅他以前没有意识到一直陪在他身边对他最好的人原来是她，问她愿不愿意做他的女朋友。

那么，思妍追了这么多年的男神究竟为什么突然良心发现了呢？

大学里女大十八变的思妍，浑身散发着健康活力，打扮起来也是个青春靓丽走在街上全是回头率的大美女了，虽然她一直当着男神的备胎，也挡不住此起彼伏给她送情书的男生们。思妍的男神当然没有傻到那个程度，当初死缠烂打单恋他的黄毛丫头成了大美女，还经年累月地等着向自己投怀送抱，哪个男人不动心？

于是多年备胎熬成女友的思妍，终于如愿以偿地跟男神在一起了。她欢天喜地地对我们秀恩爱，说我们是她多年单恋修成正果的见证人。我说："我可不想当你的见证人。将来闹了矛盾，不要来找我哭。"

朋友们说我毒舌的确是有理有据的，思妍和男神在一起没出半年，他就移情别恋了，还冠冕堂皇地跟思妍说："我发现我们还是更适合当朋友。"

思妍悲痛欲绝地来找我们哭，我想开口就说："你看我早说过的！"后来想了想，还是忍住了。毕竟这位男神是思妍从少年时代单恋到现在的唯一，这种打击换成谁都应该需要一段时间来让自己接受现实。

于是，我们觉得需要让思妍痛定思痛，冷静一段时间，以从男神给她带来的失恋之中走出来。

后来，我们有一段时间没有再联系她，直到我偶然间在网上看到了那个帖子。我像看笑话一样发给她，想着我这样的损友她竟然也还没绝交，真是傻到家了。

结果，思妍淡定地跟我说："你不用再骂我了，他的事我已经翻过页了，老娘再也不给他当备胎了。"

我倒是大吃一惊，不知道是哪位绝世高人开导了多年以来没人能说得动的思妍，让她醍醐灌顶金盆洗手。

其实想想，还能有谁能给思妍这种不撞南墙不回头的傻姑娘当头棒喝呢？当然是那位男神本人了。

男神和思妍分手之后，思妍竟然仍有一段时间不死心，追在人家屁股后面问：能不能做普通朋友，像以前一样？

但还好这位男神即使渣，终究没有渣到如此地步，他跟思妍说：已经做过男女朋友的人，就不要再做普通朋友了吧。

思妍哭着说："不是你说我们还是更适合当朋友的吗？"

他说："是啊，但是现在知道不是已经晚了吗？"

于是，他做了这么多年来我觉得他做得唯一正确的一件事，就是他拉黑了思妍所有的联系方式，从此从她的生活消失得无影无踪。

真是要感谢这位男神，在拖拖拉拉地钓了思妍这么多年的胃口之后，终于学会了绝情。

思妍在痛哭流涕了好长一段时间之后，终于彻底死心，也把这段马拉松般的单恋划上了一个不算漂亮却也坚决的句号。

我倒是有些开心又有些好笑地说：“那我采访采访你，当万年备胎到底是一种什么样的体验？”

思妍无可奈何地说：“就是现在想起他，只会觉得他当时怎么不早点把我大骂一顿，让我早点看清他的嘴脸好死心。现在想起那时候的自己，只会觉得怎么会有人可以傻到如此地步，白白地耗费了那么多年的大好青春在一个永远不会回头等你的人身上。”

不过还好，从无果的单恋中抽身，永远都不晚。只希望年轻又敢爱如思妍一样的姑娘们，看看这种帖子便罢，永远不要有机会去亲身尝试。

认真你就输了吗？论爱情手段的正确打开方式

生活本没有输赢，但如果你一旦有了胜负心，那你一定是输家。

——刘震云《手机》

我们周围的年轻女孩，一遇到感情上的小矛盾小挫折，都会去找南溪学姐倾诉，大家总觉得她既美丽又神秘，既多变又有个性，既是神仙姐姐又是百变女神，而她谜一样的感情经历也是小女生私下里津津有味的话题。

南溪其实长得并非惊为天人，只是举手投足之间有独特的气质和魅力，加上她从小跟着父母在多个国家游学长大，阅历丰富，大千世界的林林总总在她心里都见怪不怪，也自有一种和她年龄并不相符的豁达气度。南溪毕业之后没有再周游世界，而是留在硅谷的一家软件公司做女码农，每天除了上班过着归隐田园一般的生活，广大不知情的男同胞恨不得跪下来感谢上苍的福利，追她的男码农能从湾区西面排到东面去。

但南溪自岿然不为所动，要是有追求者追得过了火，她就会大大方方地给人家看自己手上的订婚戒指。她倒是经常会开导周围的小姑娘们，有喜欢的人就要大胆表白，勇敢去追，否则枉费年轻过这一回。

她有个同门学妹，毕业之后经她引荐进了同一家公司，也因此和她很是相熟，两个姑娘常常有空就在周末一起吃下午茶。学妹也是个自诩情场高手的姑娘，前阵子却失了恋，天天找南溪来吐苦水。

学妹是雷厉风行的事业型妹子，在感情中也主张绝对不吃亏，更不会冒着风险向对方表露出比对方更多的喜欢，即使心里都已经想要跟他谈婚论嫁了，表面上也绝对拼命装着矜持，让他觉得自己没了他会嫁得更好，不能让他骄傲，更不能让他觉得自己已经被他吃定了。

于是，她觉得自己活得很累，对方也很累。对方并不知道她到底付了多少真心，于是也趋利避害地不让她知道自己有多少真心。两个人像打游击战一样，即使如模范情侣一般吃饭约会看电影，话里话外却是绕着圈子打太极，彼此都装得刀枪不入，却在层层防御之中始终没有办法把两个人的关系更进一步。后来，男生就跟她提了分手，说跟她谈恋爱太累了，明明是互相有好感的人，硬是在你来我往的客套中把真实的恋爱变成了虚情假意。

甚至两个人在相处的那段时间里，从来就没有吵过架，一旦有什么小矛盾，其中一个必然会做出让步，说“也好也好”“也对也对”“那算了那算了”，生怕莫名其妙的争吵会影响两个人的约会质量和生活乐趣。

学妹愤愤不平地跟南溪抱怨说：“人生如戏全靠演技，我错了吗？在爱情里礼让三分，耍手段，留后路，有什么不对？不是都说谁认真谁就输了吗？”

南溪只是笑着问了她一句：“你是更想赢呢，还是更想跟你爱的那个人好好在一起呢？”

学妹愣了愣，不说话了。

其实，南溪和学妹一样，也是既好强又不愿服输的妹子。在南溪的男友还未成为未婚夫的时候，异地的他们也和学妹一样，既觉得对方给的安全感怎样都不够，又怕自己赌上了所有的感情最后落得血本无归。但南溪是个聪明人，她不是不用手段，只是权衡了自己的选择，她觉得，为了互相喜欢又很想在一起的人，她值得付出更多的信任和感情。后来，她在男友工作的城市找了一份工作，正想把这个喜讯告诉他，给他一个惊喜，他却先跟她说，他在她工作的城市找了一份工作，想要搬过来和她在一起。

南溪当时心里是非常高兴的。两个人权衡之后，觉得还是他搬过来更合适，于是两人一起在湾区租了一套大房子，目前工作稳定，婚期将近。

南溪和男友也是会吵架的，两个人都是智商情商很高的人，争吵起来更是锱铢必较，据理力争，谁也不让谁。但吵归吵，吵过之后却从来不会当真，更不会上升到冷战或是闹分手的局面，反而是该吃吃，该喝喝，什么都不耽误。过了那阵子就会发现，之前吵的都是些什么啊，完全莫名其妙嘛，于是就嘻嘻哈哈地笑着和好了。由于不用担心吵架会导致分手，两个人就什么话都不藏着掖着，想说就说，更不会因为对方无意的话而无端敏感起疑。

南溪对学妹说，爱情里的输赢当然都是相对的。你赢了一时的自尊，但输了爱你的人对你的信任；你赢了一次争吵，但输了你爱的人对你的尊重。是否值得呢？聪明的人在爱情里不是不用手段，而是在选择爱人的时候谨慎权衡。一旦爱了，却也不吝惜付出真心。

后来，南溪和男友举行了温馨的小型婚礼，学妹作为她的伴娘，抢到了她的捧花，也接受了她最真心的祝福。

面对比她年轻的在爱情路上跌跌撞撞的姑娘，南溪依旧会劝她们多些真诚，少些算计。人渣是有的，但不能因为怕遇到人渣而拒绝认识任何一个人；失恋是有的，但不能因为怕失恋而拒绝下一次恋爱；不美满的婚姻是有的，但不能因为怕婚姻不美满而遇到适合的人却执意不走入婚姻。

认真的人在爱情里不会输，即使错付了真心，也不会后悔那个敢爱敢恨的自己。这样的自己，在遇到下一段爱情的时候，便仍然不会因为畏首畏尾、踟蹰不前而错过真正对的人。

Chapter 3
即使世界将你抛弃，也不要将自己忘记

爱情让人学会成长，成长让人失去爱情
怨我不自量力，高估了在你心里的分量
你是卑微地爱着，还是骄傲地活着？
一个人再努力，也拼不出一段完整的爱情
好姑娘，你不需要别人的同情
所有的感情，都建立在尊严的基础上
我想有个家，与你无关

爱情让人学会成长，成长让人失去爱情

你要做一个不动声色的大人了。

不准情绪化，不准偷偷想念，不准回头看。

去过自己另外的生活。

你要听话，不是所有的鱼都会生活在同一片海里。

——村上春树《舞！舞！舞！》

闵宁从小最羡慕的人，就是班花陈婧。

陈婧家住在闵宁家附近，上学的时候总能碰到，两个人就一起走。

上学时，偶尔在路口遇到学校里的男同学三三两两地走过来，嬉皮笑脸地跟陈婧搭讪："今天这么早呀？"

陈婧就点点头，也不说话，就笑笑。

那时候的陈婧比同龄的女孩子要出落得成熟得多，夏天单薄鲜亮的衣衫让她的身材显露无遗，连走在一边的闵宁都忍不住想多看几眼。

闵宁觉得陈婧的笑容特别美，特别媚，又特别奇妙，至少那时候的她是怎样都学不来的。

每个人周围一定都有那么一个女孩子，在别人还拖着鼻涕咬着棒棒糖穿着塑料凉鞋买着小人书彩色橡皮和儿童半价票的时候，她突然有一天烫弯了自己薄薄的几缕刘海，把半长的头发披下来，你从她身边走过的时候，还能隐隐约约闻到她身上偷喷妈妈香水的味道。

那时的陈婧就是全校刚刚发育的男孩子们最喜欢的女孩。处在青春期的半大小伙子，刚刚开始长出细细的胡茬，好几个星期都舍不得刮掉，打篮球的时候最喜欢看围在场边的女生们尖叫，要是其中有一个陈婧，那每个人都会跟打了鸡血一样，恨不得在她面前表现得炫酷上天。

而那时的闵宁，矮小枯瘦，每天穿着大她两岁的表姐淘汰下来的旧衣服，背着从上学就没换过的书包，每天一块钱的零花钱，偶尔实在馋了才花上五毛买一包干脆面或是一根棒棒糖，看着陈婧书桌抽屉里从来没断过的满满的零食羡慕得口水都流出来了。

直到她终于开始不仅仅羡慕陈婧的零食的时候，同龄的女孩子都穿上了漂亮的裙子，扎着五彩缤纷的头绳，奔跑在校园里像一群群蹁跹的蝴蝶。而闵宁还是穿着表姐的旧衣服，脸上永远带着洗不掉的两抹皴红。最重要的是，闵宁长着两颗难看的虎牙，一说话就露出来，更不要说开口大笑了。

闵宁于是从来不笑。坐在教室的角落里，她看着陈婧和她的男同桌肆无忌惮地嬉笑打闹，陈婧笑得花枝乱颤，一排细密的贝齿白白净净地在少女的唇瓣之间若隐若现，连闵宁都看痴了。

陈婧的同桌叫程龙，是班里打篮球打得最好的男生，在其他男生个子还没有蹿起来的时候，他就先长到了一米七多，刚刚发育起来的身板充斥着年轻的活力。每次有篮球比赛，陈婧都会去看，陈婧一去，班里男生的风头就全被程龙抢光了，不管是他生龙活虎地过人、假动作、上篮，还是他伸长手臂投进一个划出漂亮弧线的三分球，都能赢得场内场外的喝彩。

闵宁也去看，她默默地走到看台的角落，努力爬到最高的台阶上，以防矮小的自己被人群挡住。那时的程龙牢牢吸引着情窦初开的闵宁的视线，而程龙的眼神却永远只在陈婧一个人身上。闵宁听到过他们男生私下里讨论班里的女孩子，程龙说，陈婧笑起来最好看。

闵宁就紧紧地抿着嘴，再也不敢笑了。

闵宁的少年时代没有和程龙说过一句话。

程龙却和闵宁说过一句话，也只说过一句话。

那天早上上学，闵宁又遇到了陈婧，两个人就一起走，没走五分钟，就见到程龙远远地从路口走近，阳光下他刚洗的白衬衫干净得发亮，闵宁甚至闻到了他身上淡淡的香皂味。

那一刻，闵宁是那样希望能够和他一起走一段路，如果可以的话，她真想让时间停止，永远永远不要走到学校。

然后，程龙就走到她面前，对她笑了。同班那么久，那是他第一次对她笑，只对她笑。

程龙说：“闵宁，早啊。”

闵宁不知道该回答什么，她从来没有听他叫过自己的名字。

程龙说：“我有话要跟陈婧说，你先走吧。”

陈婧在一边点点头，也不说话，就笑笑，露出整齐洁白的牙齿，特别好看。

后来，闵宁再也没有在上学的路上跟陈婧一起走。有时她走出家门看到陈婧在前面，她就站在原地等一会儿，或是绕着楼后面转一圈再走。有时她走着走着，能看到陈婧和程龙远远地走在前面，两个人头挨着头，小声说着什么，时不时爆发出一阵大笑。

那个瞬间，闵宁觉得她这辈子都学不会怎么笑了。

那个瞬间，闵宁突然觉得自己长大了，也突然明白，这个世界上有很多东西是从来不属于自己的。

后来，闵宁不再穿表姐淘汰的衣服，因为她突然在两年间长高了十厘米，比表姐高了很多。但她依旧瘦得像一根竹竿，穿什么衣服都像是衣服套在一个衣服架子上。

闵宁依旧从来不笑。每天早晨，她看着镜子里的自己，张开嘴，那两颗狰狞的虎牙就露出来，冲她洋洋自得地炫耀着。

后来，由于父母的工作变迁，闵宁跟着家人转学去了另一个城市。当初的同学逐渐地失去了联系方式，闵宁也慢慢地忘记了过去的事情。在新的学校里，她认识了新的朋友，同学们叫她高妹，因为她的个子是班里女生中最高的。

闵宁高考考得不太好，调档到当地的一所普通大学，不过她反而在大学里学得不错，连拿了两年奖学金。拿到自己挣的第一笔钱的时候，闵宁做的第一件事就是跑到医院，咨询了很久，然后拔掉了四颗牙，戴上了又疼又勒的牙套。

当她在镜子面前张开嘴，看到的不是那两颗作怪的虎牙，而是一排戴着牙套的钢牙的时候，她的心里充满了希望。在灰色的成长岁月里，她失掉了莫名其妙却充满年少耻辱的爱情，都是因为那两颗虎牙。她不死心，二十岁的她，想要新的开始。

大学毕业的时候，闵宁被一个朋友推荐去做平面模特，意外入行，从此走上了这条她怎样都想不到自己会走的路。高高瘦瘦的她格外上镜，有个性的五官也让她逐渐被更多业内的摄影师记住。

不过，有一次一个摄影师让她张嘴笑一下，她尴尬了很久，也没有笑出摄影师想要的样子。没有了虎牙，她却不自然起来，总觉得露出来的这一排整齐洁白的牙齿不是自己的。

在最该大笑的年纪，她不曾笑过，如今努力笑起来的她却想起了当年和别人讲话时都拼命抿着嘴的自己。

那个自尊心刚刚萌芽的年纪，那些青涩又敏感的爱和痛，是再也回不来了。

几年之后，闵宁小时候的一个同学在杂志上看到了她的照片，特意辗转打电话给她，惊讶地说："你真的是小时候的那个闵宁吗？我完全认不出你了！"

闵宁就轻松地笑，说：“我当然是我了。”

后来，同学把闵宁拉进老同学的朋友群，闵宁看着当年稚嫩的同学如今为人父为人母的样子，既释然又好笑。

她看到陈婧的头像是三口人的合影，两三岁的儿子长得和她老公一模一样，虎头虎脑甚是可爱，陈婧已经发福，不过仍然像当年一样，露出一口白牙微微地笑。她看到程龙晒出来的女儿在襁褓里的照片，当年矫健地打篮球的他如今变得矮胖，老婆比他还要高，揽着已显谢顶的他，一副女强人的样子。

同学把闵宁在杂志上的照片发到群里面，大家大跌眼镜，七嘴八舌地说：“这是当年转学的那个又矮又小从来不说话的闵宁吗？”

现在的闵宁，开始习惯职业性的笑容，但当有的男生半是谄媚半是奉承地对她说：“你笑起来最好看了。”她就会狡黠地拿出手机，给他们看她手机的壁纸。

那是闵宁好不容易从家里的相册翻出来的，不知道什么时候抓拍的小时候的照片，唯一一张闵宁不小心张开了嘴露出虎牙被拍下来的照片。丑得很，可是闵宁如今却很喜欢。

如今的她终于不用再去学习怎么笑了，那个不敢笑的丑丑的小女孩，终于长大了。

怨我不自量力，高估了在你心里的分量

任何时候，爱情都绝不是廉价的地摊货，任人挑挑拣拣随意买卖。

——苏小懒《如果你曾奋不顾身爱上一个人》

被陶涛求婚的时候，小亚心里其实是快乐的。

她年纪不小了，她的生日在农历正月，转过年，就要满三十岁了。妈妈总是担心她一直单下去，催着她结婚。

眼看近了年底，陶涛周末那天接她下班，捧了束红艳艳的玫瑰花，花束里夹了枚戒指。小亚平时朴素，珠宝首饰从来不戴，也从来不懂，看到上面镶着亮亮的小小的一粒钻，脸就笑成了花儿。

和陶涛相处有半年多了，两人是去同事家聚餐认识的。那天，所有的人都在客厅里面，打牌的打牌，看电视的看电视，聊天的聊天，只有他和小亚跑到厨房里去帮主人一趟一趟地端菜上桌。缭绕的饭菜香味里，两个人眼神一碰，小亚的心就软软地被打动了，觉得他是个顾家又贴心的好男人。

小亚以前有过失败的恋情，有两三年没有再恋爱，就在她觉得自己会一直单身到三十多岁的时候，陶涛走进了她的生活。两个人都是普通家庭出来的孩子，都拿着固定的工资，不抠门也不乱花，都喜欢平时宅在家里做做饭看看电视。相处了一段时间之后，小亚觉得就是他了，想到以后要一起过的日子，也不再担心害怕了。

放了年假，小亚第一次跟着陶涛去他家里过年。他家在附近一个小城，坐火车要几个小时的车程。小亚听了妈妈的建议，大包小包地给他家人都买了礼物，把自己拾掇得齐齐整整大大方方，觉得自己虽然不出挑，但也绝对不会让陶涛觉得掉价。

进了门，小亚在陶涛的指引下嘴甜甜地阿姨姥姥小姨小姨夫表姐表姐夫叫了一遍，把每个人的礼物都送到，连对小外甥都特地送了一大盒从香港买回来的进口巧克力。

陶涛的妈妈是个憨厚朴实的家庭妇女，爸爸生病去世得早，她把陶涛一手带大，很不容易。陶涛说他很孝顺妈妈，希望小亚将来也和他一样。

大家围着小亚上下打量七嘴八舌地聊了会儿天，就纷纷到客厅里坐下，陶涛的妈妈和小姨就到厨房里去忙碌年夜饭了。小亚跟在陶涛身边，正想坐下歇一会儿，陶涛小声地跟她说：“你去厨房里帮帮妈她们吧。”

小亚就听话地去了厨房。陶涛妈妈一边连声夸着小亚聪明漂亮又懂事，一边指点着她择菜洗菜。

陶涛妈妈说：“陶涛这孩子吧，没有别的优点，就是听话。虽然他拖到现在没有女朋友没结婚，但是我千叮咛万嘱咐，一定要找个会干活顾家的。陶涛他爸虽然走得早，这些年我们家陶涛跟着我可是一丁点罪都没受过，他心里明白着呐。之前他打电话就跟我说，你喜欢做饭，又会算计会过日子，我肯定喜欢。我就说他这回找的人没错。”

小亚一边择菜，一边听着陶涛妈妈唠叨，再看看坐在客厅里跟小外甥抢游戏机玩的陶涛，突然想起刚刚认识他的时候在同事家里吃饭的情景，心里稍稍地有些不是滋味。

不过，这点不是滋味立刻就过去了。

小亚本来就喜欢做饭，她没事闲着在家里就愿意琢磨各种料理，做完还要拍好看的照片发在朋友圈。她厨艺很好，还开了个公众号专门跟大家分享自己的拿手菜谱，在朋友中颇受欢迎。

她觉得这没什么不好，反正一个人做饭也是做，大不了以后成家了，每天按时做饭就是了。

那顿年夜饭小亚吃得心情有些复杂，只好在心里说自己太矫情了，胡思乱想些什么？明明人家就是个幸福美满的家庭，再说了，以后成了家，凡事还是得小两口自己拿主意，又何必把他家人无心的话放在心上。

吃完年夜饭，大家欢欢喜喜地热闹完，已过午夜两点。陶涛他们都在客厅里继续看电视，只有小亚一个人在厨房收拾堆积如山的碗碟。陶涛妈妈偶尔进厨房来看一眼，告诉她把哪些吃不完的菜裹上保鲜膜放进冰箱。小亚按照她的指示把菜一个个堆进去，看到冰箱里密密麻麻地堆叠着好多早已分辨不出颜色的菜，不知道是多少天前吃剩的。

她突然就没有了收拾的心情，强忍着反胃把东西放进去，关好冰箱，又洗好剩下的碗碟，刚擦着手从厨房出来，陶涛妈妈就满面笑容地从沙发上站起来，一边亲热地拉着她的手，一边说："陶涛，赶紧的，这时候已经不早了，快把姑娘送回去吧。"

小亚有些莫名其妙，她明明是来陶涛家过年的，以为陶涛妈妈记错了。她说："阿姨，我后天才坐火车回家呢。"

陶涛这时已经从沙发上站起来，一边拿过旁边的外套，一边说："我妈想得周到，叫我提早在附近给你订了宾馆。我们家人多太挤，而且咱俩还没结婚呢，女孩子家家的，我妈说要懂得避嫌，不能没羞没臊的。"

当着全家人的面，陶涛面不改色地说着这样的话，让小亚一下子就不高兴了，但她还是告诉自己要有涵养，什么话都没说就拿了自己的外套跟陶涛出了门，出门前还努力热情地跟众家人告了别。

路上，陶涛显得挺高兴，说："你不错，我前两个女朋友带回来的时候，我妈都不满意，这回我跟她说她一定满意，我看她今天就挺高兴的。"

小亚压着心里的脾气，问了一句："你前两个女朋友都是带回家来之后分手的？”

“对啊，”陶涛说，还笑着看了她一眼，“还好这回我妈提醒我了，先送了你戒指，这样咱俩这事就算板上钉钉了。”

后来，陶涛把她送到了他妈叫他订的“宾馆”，就回去跟家人一起守岁了。那“宾馆”在小城火车站附近，门口挂着“xx 旅社”的牌子，所有的房间都在地下室，没有窗，房间里阴冷潮湿，弥漫着一股陈旧腐臭的味道。陶涛说这里一晚只要二十块钱，便宜。

陶涛走后，小亚试着锁上房间的门，却发现门锁是坏的。她想出门去前台问一问能不能修，看到前台坐着的是个五大三粗、凶神恶煞般的男人，就不敢出去了。

她坐在阴冷的房间里，听着除夕夜里接连不断的爆竹声，直到天亮，然后背着自己的包去了火车站，买了大年初一的第一班车票。

回到自己熟悉的城市之后，她路过商场，想顺便给陶涛送她的那枚戒指做个鉴定。柜台里的人把戒指拿在手里就乐了，说：“姑娘，你逗我呢？拿个玩具来想坑我们退货？这玩意地摊上卖二十块钱我都嫌多。”

过了年之后，陶涛也回来上班了，小亚没再见他，打了个电话跟他分手。陶涛莫名其妙地问：“怎么回事？过年的时候不是好好的吗？再说了，我都送你戒指了，你怎么能反悔呢？”

小亚也不气，只是问他：“那我把戒指还你，你多少钱买的？”

陶涛认真地说："我妈说她特意挑的，可贵了，好几千块钱呢。你要是后悔了，你真得把戒指还我，不然我妈要骂我了。"

小亚就说："那就骂去吧，反正你哪个女朋友也没你妈重要。"

陶涛就生气了，说："你怎么说话呢？我当初就是看上你又顾家又孝顺，觉得我妈会喜欢你，才愿意娶你的，你反倒还跟我妈比上了？"

小亚说："我不敢比，让你的下一个女朋友去比吧，祝她好运。"

后来，小亚跟妈妈说，真是对不住，还是没能在三十岁之前把自己嫁出去。妈妈听她讲了前因后果也是哭笑不得，不过从此不再催她结婚了。小亚还是像以前一样，每天上班下班，买菜做饭，拍漂亮的美食照片放在公众号上供大家流口水。她觉得自己可能真的会一直单身到三十多岁，不过她并不在意，反正一个人做饭也是做，大不了就一个人美美地吃下去就是了。

你是卑微地爱着，还是骄傲地活着？

一个人，如果没空，那是因为他不想有空；一个人，如果走不开，那是因为不想走开；一个人，对你借口太多，那是因为不想在乎。

——张爱玲《红玫瑰与白玫瑰》

艾米和男友已经分手很久了，但是她就是忍不住还在想他。

明明分手是她提出来的，他只是毫无异议地同意了而已。

早上醒来的时候，洗脸化妆的时候，出门挤地铁的时候，晚上回家瘫在床上不想做饭的时候，她就是忍不住还在想他。

那时，他们隔着三个小时的时差，但这并不是问题。

她在纽约，他在旧金山。她冒着风雪挤地铁去曼哈顿上班的时候，他在阴雨连绵高低起伏的街头找拥挤的街边车位。她住在三十几楼的公寓里，他住在和别人合租的二层小楼上。她周末清晨去中央公园跑步的时候，他周末开车去硅谷找旧友吃早午茶。上班时，她穿着笔挺的职业装踩着八厘米的高跟鞋，他穿着印着公司 logo 的卫衣和牛仔裤；她一边给上司买咖啡一边跟客户视频通话的时候，他在午休时间坐在公司后院的花园里一边吃饭一边逗同事带来的猫。

这些都不是问题。

艾米虽然事业心很强，但在男朋友这件事情上，还是很细心尽责的。即使隔着三个小时的时差，艾米自恃从来没有缺席过他的生活。他起床的时间，是她上午最忙碌的时候，但她也会定时打个电话过去跟他说早安。他下班之后，她刚刚加完班，踏着星光回家，会打电话问他今天忙了什么、晚饭有没有按时吃。他如果和朋友出去聚会晚归，她即使再累，也会撑着眼皮熬到凌晨两三点，直到他到家休息了，她才会安心睡去。

这些也不是问题。

艾米心甘情愿在这个国家的另一头对他牵肠挂肚嘘寒问暖，不能在他身边照顾，艾米觉得这是自己的失职，也因此怀着多多少少的愧疚，希望能在精神层面给他以更多的补偿。但让艾米困惑的是，很多时候她觉得他并不需要这样的补偿。明明自己在百忙之中还打电话甜腻腻地叫他起床，他却总是说："你不是在忙么？真不用打电话叫我起床，我手机定了好几个闹钟。"明明自己为了等他安全到家熬得困到不行，他却在电话里打着哈欠说："你困就早睡啊，何必要等我回来，你那边都那么晚了。"

那么，问题到底在哪里呢？

艾米明白不能再这样下去了。毕竟隔得远，很多话或许两个人当面一说开，矛盾就会解决了。于是，尽管并不太清楚自己需要解决的到底是什么矛盾，艾米还是狠下心来请了两个星期的长假，风尘仆仆地从纽约飞到了旧金山。

小别胜新婚，和他分隔两地快一年的艾米，自然希望他对自己的到来能够表现出莫大的惊喜，就算不是惊喜，至少也要热情如火地欢迎才行。

他的第一反应却是："你请了假？可是我不能请啊，这段时间特别忙。"

艾米说："没关系，你不用请假，我请假过去陪你。"

艾米到的那天是星期一，因为周末机票贵。他没有请假去接她，她一个人坐出租车到了他的公寓。家里没有人，她和她的旅行箱在下午的暖阳里坐在门口的台阶上，等了三个小时，他才赶着晚高峰回来。

艾米以为，即使有什么问题，只要两个人见了面，就不是问题了。

但是，来了之后艾米才发现，他们最大的问题就在于，她觉得有问题，他觉得没问题。

艾米想，我特意请了假来陪你，就算你不请假陪我，也不用把我当成空气吧？就算没有小别胜新婚，也不用相敬如宾吧？你去上班，我像个主妇一样在家里做好了晚饭等你回来，就算你不帮我洗碗，也总要给个笑脸说句感谢吧？分别这么久不亲热，就算没那么饥渴，也总要亲一亲抱一抱腻一腻吧？

后来艾米觉得，感情这种事，放得久了，果然是会变质的。

她感觉得出他是不爱她了。

不爱了就冷处理，貌似是很多男人习惯选择的一种方式。

艾米说，你周末陪我去逛街吃大餐。他说，哦。艾米问，我穿这件裙子好看不好看？他答，还行。

艾米说，我睡不着你陪我聊聊天。他说，我困了，明天还要早起上班，你睡不着就看电视剧吧。

他出去跟朋友聚会，告诉艾米不回家吃饭，晚上十一点钟回来之后，也不会问一句艾米晚上吃饭了没有。

他周末把艾米丢在家里，自己跟朋友去爬山，也不会问她一句要不要一起去。

艾米说，我买了下周五的机票回纽约。他不挽留，也不表态。

艾米觉得不快。她的不快在于，他明明可以看得出她的不快，但他就是冷处理，不理她不哄她，等着她自己淡下来。艾米从这样的他身上再也看不出一丁点对她的爱。

这样的人，不爱了又绝口不提，就是要耗干她的耐性，等她逐渐心灰意冷然后放手。

后来，艾米飞回了纽约，两个人重又过上了相距三个小时时差的生活。但艾米不再每天叫他起床，也不再每天几个电话问他在做什么、吃饭了没有，更不会熬夜等他晚归了。

而他也没有任何反应，就真的这样悄无声息地沉默下去了。

两个人没有电话，没有视频，没有早晚安，就这样过了半年。

艾米终于无话可说，发了信息给他说分手。

他毫无异议地同意了。没有惊讶，没有疑惑，没有争吵，没有诘问，就这样不了了之地分手了。

和他分了手的艾米过得并不顺利，本来在纽约打拼了几年，因为身份的问题，想要换一家公司，但是折腾来折腾去，越来越得不到自己想要的。又由于在外久了思乡情切，干脆放弃了在美国等绿卡的机会，转而回到国内，到上海一家大公司就职。虽然只是从一个繁华的大都市换到了另一个繁华的大都市，但孤独却是一样的如影随形。

她忍不住地想念他，甚至想念那些她在东海岸却过着西海岸时间的日子，似乎想念他就是想念自己在美国打拼的岁月，以此来排解当下的孤独。她明白自己只是接受不了如今生活的落差和没有一个挂念的人的空虚，才会把那些明明是卑微到尘埃里的日子在自己心里美化成和他一起的美好的回忆，似乎他从来就没有把自己当成空气过，从来就没有在自己千里迢迢跨越北美大陆去看他时冷淡过，从来就没有在自己提出分手时毫无犹豫就答应过。

她不知道自己为什么会怀念那段卑微地爱着的时光。

不过，在忘记那个卑微的自己之前，她明白她首先要骄傲地活下去。这个世界变化得那么快，又有谁能左右一段说来就来说走就走的感情？唯一靠得住的，不过是那个身边的人来了又走也可以骄傲地活下去的自己。

一个人再努力，也拼不出一段完整的爱情

她把三个字，

锁在痴心里，

直到他乘的火车鸣笛了，

才小声说:“我爱你!”

青草绿了又黄，

秋雁来了又去，

银河起了又落，

他仍然没有消息……

因为他的冷淡，

她偷偷地哭泣，

一点也没有想到，在嘹亮的笛声中，

那一天，他根本听不见她的低语。

他最后爱了别人，

她才把旧话重提。

亲爱的朋友，

难受的就在这里。

——流沙河《胆小的少女》

好像每个人从小到大的同学里都会有个人外号叫“小胖”。可能是你的小学、初中、大学同学，可能是你的发小、死党、好哥们儿，可能是你刚认识并不太熟却也跟着大家这么叫的朋友。

被叫小胖的也不一定胖，可能只是个虎头虎脑的小男孩儿，也可能是小时候长得圆乎乎可爱的小女孩儿。

我要说的这个小胖，有个特别文艺又好听的大名，叫林亭雅。单听名字，一个姣花照水弱柳扶风的少女形象就出来了，亭亭玉立，温文尔雅，落落大方。

可惜，她从小到大一直长得白白胖胖，一张圆脸上不大的眼睛鼻子嘴都凑在中间，无论远看近看都带着一种滑稽的喜感，胳膊腿儿都圆润Q弹，像葱白的藕段儿一样。小时候，家里亲戚朋友见到她，都忍不住上来捏一把脸，拍拍五个坑儿的小胖手，然后赞一句：“这孩子长得可真喜庆！”

于是，从她有小伙伴的那天起，她就被叫作小胖，一直被叫了二十几年。

她没有觉得有任何不对，也非常习惯。毕竟自己就是比其他的小朋友胖，这是事实。小学升初中的时候，认识同班的新同学，有另外一个小男孩也叫小胖。大家把他们两个左看右看，对她说：“哎，还是你更胖！”初中转高中时，班里又有个新同学以前也叫小胖。大家又比来比去，对她说：“还是你更胖！”于是，她的名号就这样传承下来了，一直伴随了她的整个学生时代。

直到她上大学那年，她十八岁，对离开父母家乡的新生活充满了憧憬。只是她离家读书前的那个夏天，有一次偶然听到父母在房间里的谈话。

夏天的晚上，天气热得让人没胃口，父母早早吃完，在他们的房间里聊天，只剩她还在餐桌上津津有味地吃。她的胃口永远那么好，无论天气、环境、菜色如何，她总能稳扎稳打地吃掉大大多于常人的饭量。

她正在满足地喝掉盘子里最后一口汤汁，就听到母亲在屋里重重地叹了一口气，跟父亲说：“你说，女儿怎么办？一直这么胖，又这么能吃，将来可怎么办呢？嫁人怎么办？找工作会不会受影响？”

她听见父亲既忧虑又疑惑的声音说：“是啊，咱们俩都是正常人，两家都没有什么胖子的遗传基因，她怎么会从小到大都瘦不下来呢？”

那也是她第一次想到自己的胖会和嫁人、工作扯上关系。不过，那时她正踌躇满志地要去上大学，嫁人和工作都是以后的事，她没有再多想。她一直是个心很宽的人，否则也不会心安理得地接受小胖这个外号这么多年。

在大学里，同学之间突然就保持起不远不近又客套的距离，也没有新同学说她胖了。刚认识的人，都礼貌又认真地叫她“林亭雅同学”，她反倒如坐针毡般地不习惯起来。

林亭雅对于她来说，只是每次在试卷和作业本上写下的一个代号，几乎很少从同龄朋友的口中字正腔圆地听到。她甚至觉得有些脸红，仿佛被人叫了快二十年小胖的自己，配不上这个优美的名字。

她至今还记得那个让她突然下决心做出改变的晚上。那是系里给大一新生举办的新年晚会，她本来犹豫要不要去的，但是想想会有很多瓜子花生糖果等零食可以吃，就跟着同宿舍的人一起去了。她坐在角落里，一边以稳健的速度嗑着瓜子剥着花生，一边看着多才多艺的同学们唱歌、讲笑话、做游戏，觉得大学生活真是丰富多彩。

然后，她就看到一个男生拖着把吉他上了台，坐下来，安安静静地唱了一首歌。

就是一个很平凡的男生，唱得也很平凡，但是她的心就那么猝不及防地被什么东西软软地甜甜地击中了。

那个晚上她没有再继续嗑瓜子剥花生，而是小心翼翼地换了个座位，欲盖弥彰地挪到了那个男生的旁边。虽然是同系的同学，但几个月以来她都不曾注意过这个男生的存在，更是不知道他的名字。

那个男生倒是很健谈地跟她聊起来，她说了自己的名字，男生毫无顾忌地笑道：“啊，我听说过你，你们宿舍的 xx 说你高中的时候被人叫小胖。我看其实还好嘛，胖胖的很可爱。”

她也附和着一起笑，心里却莫名地复杂起来。那是第一次，她好希望他不知道她的外号叫小胖。

但是，他说胖胖的很可爱，她的心里又存了一丝小小的侥幸。那侥幸却在晚上回到宿舍之后被室友无心的话打碎了一地。

她向室友问起那个男生，室友漫不经心地说：“喔，他啊，练的吉他就是三脚猫把戏，是为了去追播音系的系花的。”

播音系的女生和她们住在同一层楼，她去走廊尽头的浴室洗澡时，经常能看见那位播音系的系花，头发黑亮得跟瀑布一样，大眼睛尖下巴，瘦瘦高高，声音又好听，大家都说长得像志玲姐姐和郭碧婷的合体。

原来，自己离他喜欢的女生有着那么远的距离，不仅仅是体重的差距。

过了十八年胖子的生活，那是她第一次下决心做出改变。她想要变成他喜欢的样子。

决心做出改变的第一个晚上，恰逢室友过生日，四个女生去吃火锅，她一个人吃了两盘肥牛一盘虾滑和无数颗肉丸子。

晚上回了宿舍，她打着嗝去浴室洗澡，又看到了系花姑娘。姑娘背对着她在穿衣服，长头发湿漉漉地盘起来搭在颈侧，水珠不断滑过她白皙的皮肤，从肩膀滑至腰窝，就像电影里的唯美镜头一样。

她提着装洗浴用品的小筐，脖子上挂着毛巾，呆呆地站在那里看着系花的背影，发了一会儿愣。等到系花穿完衣服径自离开了，她才走过去，默默地开始脱自己的衣服。

那是她第一次在镜子里仔仔细细地看自己的身体。虽然只有十八岁，可是不看脸的话，她或许跟五十岁的妇女没有区别。由于胖而略有下垂的胸、肚子上丰富的褶皱、大腿上松垮的肌肉，她自己都不愿意多看自己的身体一眼。

她突然恶心起来，胃里一阵痉挛，转身冲到厕所，把吃下去的肥牛虾滑和肉丸子全都吐了出来。

从那天起，她像变了一个人一样。系花每天早上要去操场练习播音、吊嗓子，她就拿本英语书站到操场的另一个角落背英语。系花报了学校体育协会开办的瑜伽课，她也去办了张季卡，每天卷了瑜伽垫吭哧吭哧地去上课，也不怕一同上课的女生私下里悄悄嘲笑她就算练了瑜伽也只是个柔软的胖子。系花准备着出国的考试，想去美国读硕士，她也去新东方报了个托福班，每周末去上两天课。系花会弹钢琴，她虽然是乐盲，却也到校外找了个培训学校，每周去学两个小时，从最简单的五线谱认起。

她逼着自己拒绝了所有的零食，连食堂大妈多打给她的二两饭都会还回去。她早上早早起床，先去操场跑一千米再回来，还会顺手给还没起床的室友们带个早饭。

很多人都看得到这个小胖子的努力。她不像那些为了迅速减肥而突然断食绝食的姑娘一样，更不会为了不摄入热量而把吃进去的东西抠着嗓子眼儿吐出来。她还是会正常进食，只是逐渐减少到了和常人一样的食量。而她的体重虽然没有突然减少，却也在她一面控制食量一面锻炼身体的过程中逐渐下降着。

直到有一天，她的身体健康状况和生活状态突然达到了一个奇妙的临界点。从那天以后，她健康地稳步瘦了下去。大学四年，她从七十五公斤瘦到了五十五公斤。

四年里，她和他逐渐变成了很好的朋友。他一直知道她在减肥在锻炼，却并不知道是为什么。他眼看着她瘦下来，留起了长头发，五官也由于变瘦而更显分明，比从前漂亮了很多。但他并不知道她是为了他，努力把自己变成他喜欢的女生的样子。而四年来，他也一直没有把播音系的系花追到手。

系花要毕业了，拿到了纽约一所大学传媒专业的 offer，她竟然也考了不错的英语成绩，最后决定去美国中部的一所大学。但他却选择留在本校读研。她觉得挺荒唐，明明是追着他的脚步，结果自己却要出国了。她觉得更是神奇，如果放在四年之前，她根本不会想到大学毕业时的自己是今天的样子。

毕业那天，所有的同学都戴着学士帽站在广场上拍集体照。她站在他旁边，说："谢谢你。"

他说："谢我什么？"

她说："谢谢你当年喜欢那么优秀的一个女孩，才会让我有动力想要变成她。"

他愣了一下，然后笑了，说："你再努力，也不会变成她啊。她是她，你是你，你只是变成了一个更优秀的自己。"

她听着他的话，正感动得热泪盈眶，他又说："所以，就算你努力想变成她，我喜欢的还是她，不是你啊。"

这话本来刺耳又挖苦，可她听到，却释然地笑了。

她发现自己真是太幼稚。自己变不变瘦，变不变优秀，和他又有什么关系呢？他自始至终喜欢的，也并不是自己啊。变优秀了，就能得到本来不属于自己的爱情么？

不过，看到她的改变，最开心的自然是她的父母。送她出国的那天，父母在机场抱着她喜极而泣，连连叮嘱她一个人在国外要注意安全，照顾好自己。

她望着父母日渐苍老的脸，想起四年前父母在房间里悄悄叹气的情景，恍如隔世。她终于明白，她最需要感谢的是不管她变成什么样子都一样爱她的父母；当然，还要感谢这个傻乎乎为了莫名其妙的人拼命变优秀的自己。

从那以后，再也没有人叫过她小胖这个外号。她在美国认识了很多同去的中国留学生，每个人听到她的名字，都说："真是名如其人，亭亭玉立，温文尔雅。"

只有她知道，那些被叫作小胖的日子，被她好好地收藏在回忆里，从来不敢忘记，提醒着自己：先变得足够优秀、足够强大，才有资格、有机会去得到更值得喜欢的人，更值得体验的人生，更值得期待的未来。

好姑娘，你不需要别人的同情

人总要慢慢成熟，将这个浮华的世界看得更清楚，看穿伪装的真实，看清隐匿的虚假，很多原本相信的事便不再相信。

但是，要相信，这个世界里美好总要多过阴暗，欢乐总要多过苦难，还有很多事，值得你一如既往的相信。

——龙应台《不相信》

青春期的时候，同龄的小女孩都在憧憬白马王子和白雪公主的故事，但涓子那个时候却觉得，她一辈子都不会结婚的。

涓子的妈妈二十岁就经家里人撮合嫁给了三十岁的爸爸，性格不合的两人在无休止的争吵中度过了漫长的婚姻，也给了涓子一个硝烟四起永无宁日的童年。印象里的爸爸永远酗酒回来就乱发脾气破口大骂，而妈妈一看到烂醉如泥的爸爸就会火冒三丈，两人脸红脖子粗地争吵着，家里的吊灯、花瓶、碗碟永远是砸了再买买了再砸，妈妈曾经被爸爸推倒，撞得额头青肿，爸爸的脸上永远留着妈妈的指甲印。

而通常每一次风波的结束，都是两个人不约而同地看向缩在桌子底下哭得发抖的涓子，说："要不是你，我跟你爸（妈）早就离婚了！"

在童年的涓子的心里，婚姻是这个世界上最可怕最残酷的一种刑罚，而自己最爱的爸爸妈妈，却要一生被这种刑罚所惩戒，只因为自己的存在。

她认为她出生在这个世界上是一种罪过。

不和爸爸争吵的时候，涓子的妈妈总是会语重心长地对她说："妈妈以后只有你了，你可千万不能走了妈妈的老路。嫁错了人，这一辈子就这么毁了。"

涓子害怕又困惑地听着，看着妈妈憔悴的脸，却始终不知道怎样算是嫁对了或嫁错了，这一辈子怎样算是毁了。

至少在青春期的涓子看来，唯一不会毁掉这辈子的做法，就是离婚姻远一点，再远一点。

也正因此，即使身边的少男少女都沉浸在花季恋情的青涩甜蜜里，涓子也从未有过一丁点心动。给她写情书的腼腆的男同桌、操场上打篮球的帅气阳光男生、帮她补课的学霸男生，她一看到他们，就忍不住想象起十年之后、二十年之后，他们将变成爸爸那样面目狰狞的猥琐男人，而自己也将变成面红耳赤颜面尽失的妈妈那样的憔悴女人，就心下恻然。

涓子因此从来没有谈过恋爱。转眼间，她已经到了当年妈妈嫁给爸爸时的年纪。

或许也是命数，她在二十岁那一年，认识了一个男生。男生大她五岁，是她学长的朋友，第一次见到她的时候，他就对她说："你和别的女生都不一样。"

多肤浅的开场白，可那却是他们两人关系的开始。后来，涓子回想起来，她之所以在那段感情里沦陷，不是因为他的才华相貌吸引了她，不是因为他对她体贴入微，不是因为他和她有很多相同的爱好，而是因为他带她去过他家里一次。他爸爸是做小生意的个体户，妈妈早年间就辞职跟他爸爸一起做生意，两个人对儿子疼爱却不溺爱，理解却不纵容。她第一次见到，一个正常的幸福美满的家庭原来是这样的，是可以每天没有争吵的，是可以每天都有欢笑的。

他带她回家吃饭，两个人坐在客厅聊天，他剥开橘子，一瓣一瓣地喂给她吃。他爸爸妈妈在厨房里忙碌，妈妈不住地小声埋怨爸爸，一会儿忘放盐了，一会儿火太大了，一会儿丝切粗了，一会儿出锅早了，爸爸也不争辩，随手挟起一筷子刚出锅的糖醋里脊，喂给妈妈，妈妈咕咕囔囔地吃着，就不唠叨了。

他一边把手中的橘子喂给她，一边说："我知道，你想有一个幸福的家，一个和你父母不一样的家。以后，我的家就是你的家。我的爸爸妈妈会像疼自己的女儿一样疼你。"

那是涓子听过的最动人的情话。

然而，那段感情并没有得到自己父母的支持。涓子妈妈不同意她和这个男生相处，说他们家和涓子家一样条件不太好，以后两个人打拼太辛苦。

“要不是你爸没有出息，我们也不会混了二十年才混成现在这个样子。你们两个年轻人白手起家，要打拼到什么时候是个头？女孩子年纪轻就是资本，趁现在年轻找个有钱一点的，以后有你享福的！”涓子妈妈这样说。

但涓子就是铁了心要嫁他。大学毕业之后，她甚至放弃了本市的优渥工作，跟着他去了外地。第一年过年回家的时候，她用刚拿到的薪水，给父母都买了昂贵的礼物，本以为可以打消他们的异议，却正撞上他们又在吵架。爸爸又喝了酒，指着妈妈的鼻子骂得无比难听，妈妈也不甘示弱，尖利的哭声整个楼道都听得见。

涓子精心买给他们的礼物被扔在角落里，没有人理会。

她一个人在房间里坐了一会儿，父母还是没有消停下来的意思。然后，她就做了一个决定。

她从父母房间里偷走了户口本。

年后，她们就领了证。把户口本送回家那天，涓子妈妈头一次骂了她，还打了她一个耳光。

“你怎么就这么不信我的话呢？”涓子妈妈恨铁不成钢地哭道，“这么多年妈妈是怎么过来的，你看不到吗？”

“我看得到。”涓子平静地说，“所以，我不想过你和爸这样的生活。”

她把户口本递给妈妈，说：“我结婚了，真希望你们早点离婚。”

从家里出来的那一天，涓子觉得自己得到了新生。

婚后的日子过得很平静，涓子没两年就生下了女儿，与公婆相处也算融洽。涓子觉得自己有了新的家，心里无比安心踏实。他说话算话，愿意给涓子一个家，他做到了。虽然涓子知道，他是个无比心软的人，最初接近她也不过是因为可怜她，对她的同情让他愿意做她的救世主，来拯救她惨淡的童年和破碎的家庭，来给她新生。

女儿满周岁后的一天，她在他的手机上发现了另一个女人的痕迹。他禁不住她的百般诘问，终于坦白自己出轨的事实。

他说，那个姑娘是他新来的实习同事，父母早逝，寄住在亲戚家，为了留在他们公司不惜一切手段，但没钱没关系，还是被另一个实习生顶了职，他看不过去，就帮她介绍了圈内的另一家公司。一来二去，两个人就搞到一起去了。

他说，她没着没落，怪可怜的，他只是同情她。

这话听起来怎么这么耳熟呢？她笑了笑，说：“同情我一个你还不够，还要再同情多少个？你还真以为你是救世主了？”

她坚持要离婚，他却不同意。他说，他答应了给她一个家，就要说到做到。他知道她为了他抛弃了父母那个家，他不忍心让她孑然一身。

公婆听说了，都来劝她，骂自己的儿子不是东西，希望她能够给他一个改过自新的机会，为了孩子，留住这个家。

可涓子却想起了童年时听到父母说过最多的那句话——“要不是你，我们早就离婚了。”

为了孩子，为了维持这个冠冕堂皇却早已支离破碎的家，真的值得吗？她的女儿，会不会长成另一个她？

在涓子终于打定主意和他办了离婚之后，涓子的父母也终于离婚了。涓子带着女儿，搬回了家，和妈妈住在一起。老中幼三代女人，过起了平平淡淡的生活，倒也安逸。帮着涓子带女儿的涓子妈妈，不再每日憔悴不堪以泪洗面，在涓子的支持下养了许多花草，每日侍弄，还在墙上贴满了图画文字，教外孙女读。

涓子觉得自己最终做了正确的选择，也并不担心将来要怎样对自己的女儿解释她为什么没有爸爸。她唯一要做的，就是好好照顾妈妈和自己，尽自己所能给女儿一个稳定安心的童年。或许等她长大之后，涓子会告诉她，婚姻不可怕，只是有的人会在婚姻中犯错，有的人不会。犯过错的和没犯过错的，最终都要好好地活下去。

所有的感情，都建立在尊严的基础上

我不记得爱过自己的父母。

小的时候是怕他们，大一点开始烦他们，再后来是针尖对麦芒，见面就吵。

再后来是瞧不上他们，躲着他们，一方面觉得对他们有责任，应该对他们好一点，但就是做不出来、装都装不出来。

再后来，一想起他们就心里难过。

——王朔《致女儿书》

倪倪绝对是我见过的人尖中的人尖，也是我见过的最自卑的女生，没有之一。若是作为普通女生，有自卑还可理解，但是作为人尖中的人尖，她却这样自卑，那简直是对我等既普通还不自卑的凡人的一种讽刺了。

但是，后来同她相熟了，我逐渐深刻地理解了她能成为人尖的原因，也领悟了她自卑的源头。

一切的起因，是倪倪在朋友圈转发了一篇她给某杂志写的专栏，叫做《你的不得志，践踏了我的尊严》，写的是张爱玲《金锁记》里的曹七巧和她女儿。曹七巧自己的人生是一出悲剧，却又以此对唯一的女儿极尽凌辱刻薄之能事，一方面口口声声地说“我是为了你好”，一方面又恶毒地嫉恨自己的亲生女儿有学上、有人爱、有未来。

倪倪在那篇文章的最后说，如果有机会重来，我多想孤独安静平凡地长大，只愿我的长大不需要争取任何人的满意。

倪倪虽然笔耕不辍，但她在朋友圈很少转发自己写的文章，对这篇文章我便多看了几眼。隔天做其他事情的时候，我突然想起来，翻回去找，她却把这篇转发文章删掉了。

我便私聊问她要，说：“写得不错呢，我还想再看看来着，你怎么给删了？”

倪倪说，发时忘了选朋友圈分组，不小心让父母看到了，就顺手给删了。

那时我便猜想，或许倪倪也是从一个比较严苛的家庭环境里成长起来的，否则也不会变得如此优秀。

倪倪后来和我讲了她的“人尖是怎样炼成的”故事。

她说，你还记得大概是咱们上初中那会儿，有一个系列的书特别火吗？哈佛女孩谁谁谁，耶鲁男孩谁谁谁，北大女孩谁谁谁，清华男孩谁谁谁，家长们都纷纷买来效仿，就想看人家到底是怎么把孩子教育上世界名校的。

别说，我还真有印象，因为我妈也买给我看过。具体是怎么教育的我就不记得了，人家的孩子聪明，我没有那个天资，可能我妈早早地就发现了这个事实，饶了我一命，在这里我也谢谢她不教之恩。

我跟倪倪说，记得书中有一段我印象特别深，那姑娘她妈为了考验她的意志力，大冬天让她手里攥一块大冰块靠墙站着，看她什么时候冻得受不了了放手，好像超过五分钟还是几分钟有奖励什么的，具体细节我就不太记得了。反正我记得那段写那姑娘最后冻得手都紫了，她爸她妈还觉得他们女儿意志力超群，是将来能成大事的人，甚感欣慰。

我把这个当笑话讲，倪倪却没有笑。她说，跟我爸妈比，这些都是小儿科了。为了训练我的专注力，我从小到大在家里从来没有坐着写过作业，全都是站着写的，为此我练出了比平常人快三四倍的速度，就为了早点写完坐下。我爸妈规定我洗澡、洗漱、吃饭、上厕所都不可以超过十分钟，超过就是磨蹭。正常放学后超过十分钟没有到家，就没有晚饭吃；早上起床迟了十分钟，就没有早饭吃。爸妈用来打我的东西，可以是家里任何他们拿得起来的东西，鸡毛掸子、鞋拔子、拖把杆儿、板凳、水杯，等等，有时单选，有时多选，有时全选。

倪倪说，我一直觉得，我在我爸妈面前是个没有尊严的生物，就差在脖子上拴一条链子了。

一直到上高中之前，倪倪都没有考过第二名。不是“几乎”，是从来没有考过。她记得她小学五年级的时候，期末考试语文数学英语都考了一百分，当然是第一名，但那次另一个同学也考了三个一百分，是并列第一名。发下来的成绩单上，倪倪的名字在第二个，排在同学后面。

倪倪拿着成绩单回家，觉得没有什么问题，毕竟自己也是满分。她爸妈拿着成绩单和试卷左看右看，终于找到了突破口——语文考试最后有一道五分的附加题，她是空着的。

她小心翼翼地辩解说，那道题全班同学都不会，没有人答出来。

倪倪的爸爸说，那如果你答出来了，另一个拿满分的没答出来，你就是第一了，就不会把你的名字放在人家后面了。

倪倪喜欢美术课，羡慕同桌的女生可以报兴趣班学画画。父母说，学那个没有用，你不需要靠美术特长去考大学。

倪倪在手工课上做了一张自制的贺卡，趁父亲节的时候送给她爸，她爸说，花了一节课的时间就做了这么个东西？有这个时间不如去写作业。

倪倪英语考了全校第一名，被推举去市里参加英语竞赛，得了一等奖。她妈说，一等奖全市怎么有三个人？那你就不算是第一了。

就算再严苛，一个人也没有办法在学生时代永远考第一。倪倪读了全省最好的高中，刚上高中的时候，她就一下子从中考的全市第一名掉到了全年级三十多名。

虽然从来没有考过第二名，但倪倪那个时候也并没有觉得有多么可怕。换了新环境或是换了新学习方式，是个孩子都要适应一下的，这道理连个孩子都明白。

但倪倪的父母却不明白，且如临大敌。拿回成绩单的那个周末，她爸妈一晚没睡，周六一大早就把倪倪叫起来，严肃地坐下来讨论这个重大失误该怎样挽救。

后来怎样挽救的？我问。

倪倪摇摇头说，她完全不记得了，只记得那天她爸妈一天没让她吃饭，她特别饿。她说，就是从那天起，她觉得活着没有什么意思。即使她在亲戚朋友眼中是神一般的存在，她却被深深的自卑感压到喘不过气来。她不知道哪一天早上起来就又没有饭吃，不知道除了拼命考第一之外还能做什么才能博得父母的一个笑脸，更不知道自己作为他们子女的意义是什么，他们到底想要自己成为什么样的人，才能放过自己。

以前我们这些差生最恨的就是考了前几名还惺惺作态地说“哎呀我没考好”的人，觉得他们真的是世界上最欠抽的存在。但倪倪说，她考了第二名的时候，是真的怕。她不知道回家要怎么面对父母；更不知道在见到父母脸上失望加鄙视的神情的时候，自己是应该哭还是笑；听到父母刻薄得让人寒心的话，自己应该做何回答。

她曾经在高三一次模拟考试之后拿着年级第二名的成绩单坐在家门口很久很久不敢进门，住她楼上的同年级同学跟他妈一起回家时，见到她一个人坐在楼道里，就问她怎么不回家，她只能说家里没人，忘了带钥匙。同学他妈一边上楼一边跟自家儿子说："你看看人家倪倪，从来就没掉下过年级前几名，你看看你，考进前一百名就乐得屁颠屁颠的，还有没有出息了。"同学就腆着脸说："好啦好啦，妈，你都答应考进前一百名就给我做红烧肉的。"

那时，她望着同学和他妈说笑着上楼的背影，想着自己的晚饭又没有着落了，饥饿感和无助感泰山压顶一般袭来，她觉得自己的人生再也不会有任何希望了。

这样的倪倪，在这样的父母的教育下，终于成了人尖中的人尖——本科北大，硕士常青藤名校康奈尔大学，博士斯坦福大学。在我看来，也已经完胜当年的那些谁谁谁了。

而她远在国内的父母，在亲戚朋友无数的赞美与钦佩羡慕声中，谦虚又得意地摇摇头，说："还好当年我们对她严格教育，不然她哪能有今天。"

他们永远都不会知道，倪倪最不想要的就是今天。如果可以，我想她宁愿选择千百万种可能的不同的今天，也不会选择现在这样。

倪倪硕士的时候曾经谈过一个男朋友。男朋友是从国内一所普通大学考上美国顶尖大学的，也是既上进又勤奋的孩子。倪倪在他面前，不是一个高冷的女学霸，而是一个偶尔会卖萌可爱偶尔会小鸟依人的女孩子。

"你知道我为什么喜欢和他在一起么？"倪倪说，"因为我本来就不是一个学霸，也并不想当学霸，但是所有人都觉得我除了死读书什么都不会，没有幽默感，没有情趣，没有爱好，他们眼中的学霸甚至都被忽略了性别。只有在他面前我们是平等的，我是有尊严的，有情感的，会开玩笑会生气的，我也是可以当一个上得厅堂下得厨房的女朋友的，我也是需要一个带得出去带得回来的男朋友的。”

硕士毕业的时候，倪倪告诉家里博士录取的喜讯，也顺便和男朋友一起回国，带他认识一下自己的父母。男朋友为了倪倪，打算跟着她过来，找一份工作，先用工作签证留在美国。

虽然在拜访之前倪倪就已经给男朋友打了无数次预防针，但还是没能防得住倪倪父母的严刑拷问。

倪倪父母先是问他毕业之后是什么打算，他说他准备去倪倪读博士的地方工作。倪倪爸爸就说：“倪倪都要读名校的博士了，你一个男孩子读到硕士就止步了，学历不匹配，将来婚姻里也不会有平等的人生观世界观价值观，你怎么能给她长久稳定的幸福？”

男生说，他只是先用工作签证在美国工作，顺便陪倪倪，将来也不是没有可能继续读博士的。

倪倪妈妈问：“你的工作定了吗？是什么地方？”

他说，是一家银行。

倪倪妈妈说：“在美国的银行，最高能做到多高的职位？我们倪倪的同学，也是常青藤毕业的，回国在银行没一年就升了主管，将来当行长都不是没可能。你在美国能当上行长吗？”

男生困惑又无奈地看看倪倪妈妈，又看看倪倪，不说话了。

后来，倪倪劝慰了他很久。她说：“我也跟你说过了，你知道我爸妈就是那样的人，不要太往心里去。”

话是这么说，但后来，男生还是和倪倪分手了。他说：“虽然我知道你不是你父母所期待的那个样子，但我实在做不到，因为我不知道在这样的环境下成长起来的你，以后还会受到你父母多少的影响，也不知道如果你父母这样看不起我，我还有多少耐心与信心能继续跟你在一起。我毕竟只是你的男友，不是你的亲人，也不想取代你的亲人在你心中的地位。”

后来，倪倪想，她之所以喜欢和他在一起，或许也是因为在他面前自己能够忘记压抑在内心深处的自卑感，找回长久以来被父母打击殆尽的尊严，做一个正常的人。然而，和他的感情，又有多少是爱，她自己却也说不清楚了。

无论是在亲情里，还是在爱情里，她都已经不知道自己的立场在哪里，也没有办法正常地去爱自己的亲人或爱人了。

但现在的倪倪已不再是那个羽翼未丰、无法离巢的孩子，经济独立的她，思想上也逐渐摆脱了父母的控制。虽然表面淡定强大的她内心里仍然是那个自卑而渴望爱的小孩，但她已经明白，除去父母的身份，他们只是凡人，他们所犯的错，不需要自己来承担后果。如今的她只希望，将来自己的小孩可以自由快乐地长大，而不需要去争取任何人的满意。

我想有个家，与你无关

“我很好”不是指你终于熬到有了钱、有了朋友、有了人照顾的日子，而是你终于可以习惯没有钱、没有朋友、没有人照顾的日子；“我很好”是告诉他们，你越来越能接受现实，而不是越来越现实；离开，你一样可以过得很好。

——刘同《谁的青春不迷茫》

在北京漂了五年，小卫第一次回家。

不是她不愿意回家，只是她用一切放假的机会打工，又舍不得买过年的车票，不知不觉地，一拖就是五年。

小卫本来是个很恋家的孩子。从小跟着姥姥长大，父母都在外地打工，只有每年过年的时候才能回家看她。从小懂事的她，明白父母的艰辛都是为了给自己一个更好的生活，因此从来不缠着姥姥哭闹要爸爸妈妈，在用功学习的同时还会帮姥姥分担家事。每年过年的时候，是小卫最开心的时候，因为爸爸妈妈会带好吃的好玩的回来，一家人都聚在一起，那样才像个家。

在小卫心里，虽然姥姥家的老房子又潮湿又黑暗，掀开床角会有爬动的不知名的虫子或不爬动的不知名的虫子尸体，水缸里永远积着黄绿色的苔藓，想方便要走五分钟到村口的旱厕，去洗澡要走二十分钟到全村唯一的一个公共浴室，但那个家里，永远有属于自己的一个陈旧却温暖的小房间，永远有姥姥缝制的被褥、织的毛衣，永远有姥姥慈祥的唠叨，不厌其烦地叮嘱她放学早点回家，永远有早上还没睁开眼就闻到的小米粥的香气，和晚上放学还没进门就飘出来的姥姥最拿手的红烧肉或是糖醋排骨的味道。

那些味道就是小卫的家的味道。

最疼小卫的姥姥在她十五岁那年去世了。她眼睁睁地看着大人们忙碌，自己却一滴眼泪都没有掉。在村里，她再没有别的亲戚，在浙江打工的父母回到家，处理了姥姥的后事之后，带着她去了浙江。

从那时起，小卫就再没有过自己的家。高中三年，她跟着父母从浙江到江苏到福建再到广东，转了四次学。她跟着父母住在租来的没有窗户的阁楼里，站起来就能够摸到房顶，冬天像外面一样冷，夏天像外面一样热。她在父母的床边支一张弹簧折叠床，摆一张小板凳，坐在床边写作业。旁边是唯一的家电，一只从旧货市场淘来的电饭锅，她一边写作业，一边盯着电饭锅里煮的饭菜，尽量让父母在下了晚班回来的时候能够吃上刚出锅的热食。

在深圳读高三的时候，小卫悄悄地喜欢过一个同班的男生。

他的父母也是外来务工人员，偶尔周末放学的时候，他会叫住她，带她去学校后面的小吃街上吃一碗牛肉粉。浸满油的汤粉上漂着零星的一点肉，他会仔细地挑出来夹给她。

后来，那个男生高考落榜了，跟着父母离开了深圳，小卫再也没有见过他。

小卫成绩很好，考到了北京的重点大学。报到的第一天，小卫听说他们系的新生都被分到了整个校区最破的一栋宿舍楼。她一个人铺着床的时候，别的室友和父母陆陆续续地进了屋，四下一看就皱起了眉头——这是什么地方啊？窗户那么小，屋里没有洗手间，上下铺的铁床歪歪扭扭摇摇晃晃，大夏天的没有空调，唯一的电风扇在掉了皮的天花板上摇摇欲坠，一按开关，嗡嗡作响的灰尘满屋乱飞。这种地方怎么能住人呢？凭什么别的系的孩子住新生宿舍，我们的孩子就要住旧楼？

宿舍里走了一个家庭条件好的姑娘，到校外租房子去了，其他人吵归吵，还是住进了那个狭小的四人宿舍。小卫觉得很好，至少她有自己的床和书桌椅，北方的冬天还有源源不断的暖气。她拉上挂在床边的布帘，就能够把自己的世界和外面完全隔开，这在她看来已经是作为一个家最奢侈的优点了。

小卫读大学期间，妈妈生了病，爸爸就陪着妈妈一起回了老家，住在以前姥姥住过的老房子里。两个人都没有再打工，加上妈妈治病需用钱，家里日渐困窘。

大学毕业的小卫没有回家，为了能在北京多打几份工，她顺理成章地成了一名北漂，每月花不到五百块房租，和另外五个人一起住在京郊一处地下室里，每天早上五点半起床，坐公交倒地铁去上班。每次工作到周末，抱着自己的被子挂到楼外晒太阳的时候，是她最放松的时刻。在攒钱的同时，她最大的心愿就是能够搬到地面上来，住在太阳和月亮底下。

这样的心愿，祝诚帮她实现了。

他是小卫工作的时候认识的，若即若离地追求了她很久。他挣得不比她多多少，但至少他在攒下钱的同时，还能花八百块和其他四个人合租一个两居室。主卧住两个人，次卧住一个人，客厅住一个人。祝诚住的是次卧。

小卫是那样羡慕祝诚，虽然他也要和别人抢洗手间用，但至少他还有自己的卧室。

能够拥有一个属于自己的房间，是小卫自从离开姥姥家之后最大的心愿。

小卫本来还在犹豫要不要和祝诚在一起，但是祝诚说，我们把房租凑在一起，就能有自己的房间了。

有一个自己的房间，对小卫来说，诱惑真的太大了。而以她那时的财政状况来看，根本攒不下足够的钱来租独立的房间。妈妈依然生病在床，每月往家里打钱又是自己雷打不动的责任。

可她是那么想要一个自己的房间，一个不需要和别人共用洗手间和厨房的房间，周末好不容易睡个懒觉，醒来可以看到阳光照进来的房间。

后来，她就和祝诚在一起了。虽然两个人仍然是奔波在这个巨大城市中辛苦又渺小的北漂一族，可小卫终于有了属于自己的房间。房子在顶楼，老式楼房窄小的楼梯一直通向七楼，玻璃窗的缝隙用塑料布糊住，风一吹会呼啦啦地响。但阳光照进来的时候，穿着厚厚的睡衣站在窗前，还是会感到幸福。

小卫开心得很。在外蜗居了那么多年，她终于有了属于自己的世界。

虽然那个世界里，除了她，还有她的男友祝诚。

无论祝诚是不是一个好男友，他都是把她从暗无天日的地下室拯救出来的人。

因此，小卫从不抱怨。尽管所有的清扫和水电杂务都是她包揽，尽管祝诚从来不会在下班回来的路上帮她从市场带回做晚饭要用的菜，尽管他没有带她去看过一场电影，没有带她游玩过别的城市，尽管他从不过问她上班累不累白天困不困心情好不好。

小卫也从不抱怨。

小卫终于要回家了，离她到北京已经整整五年。

妈妈病危，她火急火燎地去买票回家，虽然知道时间不等人，但机票实在太贵，她还是买了要花十二个小时才到家的火车票。

她终究还是没能赶上见妈妈最后一面。

姥姥家的老房子还是和从前一样，那是姥姥活了一辈子的地方，是妈妈少女时代生活的地方，和自己少女时代生活的地方。

妈妈就是在自己当年住的小房间离开的。床上的被褥还是姥姥当年亲手做的，桌边是她小时候觉得无比神奇的破旧收音机，连桌上还未来得及收走的空碗碟都还是当年的样子。

她记得自己小时候跟姥姥闹脾气不吃饭，姥姥就用她最喜欢的那只青瓷大碗盛了香喷喷的红烧肉或是糖醋排骨，端出来放在桌上，没一会儿，饥肠辘辘的她就缴械投降了。

活到二十几岁，小卫和父母相处的时间其实并不多，他们对她没有愧疚，她对他们也没有抱怨。只是面对妈妈的离世，小卫还是昏天黑地地哭了三天三夜。

后来，她回想，不知道自己哭的究竟是什么，或许，是未来得及回报的妈妈的恩；或许，是还上当年姥姥去世时她没有哭出来的那场眼泪；或许，是这些年奔波在外对家乡的想念；或许，是对自己活了二十几年却仍旧无法主宰自己生活的无助与绝望。

或许，还有很多很多。

浑浑噩噩的小卫没有告诉祝诚她哪天回北京，就登上了回程的火车。

于是，最狗血的一幕在小卫打开家门的时候冷漠地呈现在了她的眼前。

看着祝诚和一个俨然女主人姿态坐在自己家里的陌生女孩，小卫平静得有些呆滞，或许，她还没有从失去妈妈的悲伤中苏醒过来。

那时，她心里唯一想的就是，这个看得到阳光的房间，终究不是自己的家。

妈妈走了之后，爸爸在第二年又成了家。小卫再也没有回过老家，只是定期给爸爸和他妻子打一部分生活费，但她自己手头也相对宽裕了很多。

离开祝诚之后，她没有再和别人合租房子。她一个人住在租来的房子里，周末不上班就研究菜谱，也能像模像样地做出自己爱吃的红烧肉和糖醋排骨。尽管离小时候姥姥做的味道还差很远，但她却心满意足。

后来，在某次跳槽换了新工作的时候，新同事妹子私下里问她，用多少钱租房子，小卫就照实答了。

妹子大吃一惊：你用薪水的三分之二还多租房子？那你还怎么能省得下来钱？

小卫平静地答，因为我没有家，我租的房子就是我的家。我不需要省钱去做别的事，只需要现在不亏待自己就好了。

她心里知道，如果自己不给自己一个安心的家，再遇到能把她从地下拯救到地上，从黑暗里拯救到阳光中来的人的时候，难道她要再次沦陷么？犯过一次错误，长大之后还要再犯么？

她已经过了亏待着自己只等别人来拯救的年龄了，更逐渐地不愿再为漂泊在外而悲伤。

心安定的地方，无论哪里都是家乡。

Chapter 4
童话不一定都是骗人的，但你要学会分辨

伤害过你的人不值得感谢，被你伤害过的人才值得

多少次被辜负，终于长大成人

被真相伤害，总比被谎言安慰要好

生活比童话残酷一千倍，早点醒来吧

那个记忆里的少年，终于跟我说再见了

千万种条件，都敌不过一句喜欢

男神是用来欣赏的，男友是用来一起生活的

伤害过你的人不值得感谢，被你伤害过的人才值得

要是他没有触犯我的骄傲，我也很容易原谅他的骄傲。

——简·奥斯汀《傲慢与偏见》

感恩节这天，王小明刚上完晚班，睡到下午一点钟。他趴在床上刷朋友圈，看到维维发了一张照片，是个穿着婚纱的背影。她说，那些“感谢伤害过自己的人，因为是他们让你变得更好”全是胡扯，我一点都不感谢他们，我只感谢一直努力的自己，让我遇到了最值得我感谢的你。

王小明捧着手机仔细地研读着这句话。他从小语文就不好，更懒得读书，这感谢来感谢去的，绕来绕去才看明白。

维维嫁人了，也不知道新郎是谁。

维维从小语文就好，每次作文课上老师表扬的都是她的作文。通常表扬谁的作文，谁就要骄傲地站起来把自己的作文朗读给全班听。但是，只有维维的作文，每次都是王小明来读的。

王小明虽然成绩不好，但爸妈给了副好嗓子和好嘴皮子，声

音响亮，伶牙俐齿。维维虽然作文写得好，但她天生有个毛病，就是说话怎么都说不清楚，舌头在喉咙里打着结，一开口就呜哇呜哇的，没有人能听得懂她在说什么。

于是，全班没有人同她玩。维维家里很有钱，爸妈一边带着她到处治病，一边给她买最漂亮的衣服，用最好看的文具，似乎这样就可以弥补她在学校受到的孤立。

可王小明却经常看到她穿着漂亮的裙子被一群调皮捣蛋的小男孩推倒在沙坑里，叫她“小傻子”“小哑巴”。她满身都是沙土，那帮孩子跑远了，她还茫然地坐在那里，呜哇呜哇地说着什么。

王小明不想嘲笑她。他有些同情她，也有些心疼她。当然，那时他还小，也不明白自己的心思。他只是会帮她拍掉身上的灰土，拉着她的手回教室，然后耐心地跟她聊天。维维的话虽然难懂，但是时间长了，熟悉她的人，基本可以理解得八九不离十。

于是，王小明成了全班唯一一个可以和维维对话的人，有时老师也听不懂她在说什么，便叫王小明来当翻译。王小明自然当仁不让。那帮混小子们叫他“小哑巴的小老公”，他不辩解，只是生着闷气走开。

王小明在全班同学面前读过她的一篇作文，叫《我的理想》。维维在作文里面写道：“我想做电台的主播，把好听的音乐、美丽的语言，送给全世界的人，让所有在夜里难过得睡不着的人，能有一个最美妙的梦。”

王小明读完作文，全班哄堂大笑，觉得这简直是世界上最好笑的笑话了。

维维的脑袋埋在课桌里，肩膀一抽一抽的，王小明看不见她的表情。

下课之后，王小明过去把作文本还给她。她抬起头，满脸都是眼泪鼻涕。王小明僵硬地杵在那里，平日的油嘴滑舌不知道跑到哪里去了。

维维就对他说了一句话，他也看懂了。

维维说："谢谢你，王小明，你将来会是最好的主播。"

王小明就愣在那儿了。周围的混小子们并没有听清维维说了什么，便一哄而上地嘲笑他俩："就你这样还当主播呢，做梦呢吧。""王小明才是将来当主播的坯子。是吧。""你说，你是当主播呢，还是当小哑巴的小老公？"

王小明被他们撺掇着，渐渐也觉得自己踩上了云彩，整个人都飘起来了。便手一挥，像是立誓一样大言不惭地说："那当然是当主播！"

于是，便一时头脑发热，在周围人的煽风点火之下，拿起维维的作文本，撕了个粉碎。

维维那天哭了整整一下午，而王小明早跟同学们一起到操场上去踢球了，这件事完全被他抛在了脑后。他以为维维会像往常一样，等他回到教室的时候，维维哭完了，还是会跟他呜哇呜哇地聊天。

可是，第二天维维没有来上学，后来也再没有来过。她转学了，听说父母带她到大城市去寻医问药了，家也搬走了。

王小明再也没有见过她。他把她留在课桌里的撕碎的作文本拿回家，用胶带七歪八扭地拼了起来。他还很没有男子汉气概地偷偷地躲在被窝里哭过，他觉得维维是因为他才再也不来的，因为他伤了她的心。他简直是世界上最坏的人。要是时间能够回到那一天下午，他一定不会当着同学的面嘲笑她，还撕掉她的作文本。他会狠狠地批评他们，说他们混蛋，说每个人的梦想都值得被尊重。

当然，这些都是王小明长大以后才想到的。他变得懂事起来，也用功起来，不再吊儿郎当。后来，他考上了省内的一所重点大学，还真学起播音主持来了。大学毕业之后，他回到家，在家乡的一个小电视台谋到一份工作。

再次知道维维的消息，还是他回小学去看老师，老师给了他维维的联系方式。听说她现在在北京有属于自己的广告公司，完全成了呼风唤雨的女强人了。

王小明就忐忑地给维维发了信息。维维竟然还记得他，还打趣地问他："后来有没有做主播呢？"

王小明不太好意思，便谦虚地回答："学了播音主持，现在也在做这一行。"

"那真好呀。"维维回复他，"从小就觉得你是块料，没有辜负我的期望呀。"

语气平淡而客套。她当年满脸鼻涕眼泪的样子却在王小明脑海里渐渐清晰起来。她呜哇呜哇地对他说，你将来会是最好的主播。

不知道她的病治好了没有。王小明却并没有问她，也并不好奇。她已经足够优秀，足够强大，也已经超过所有当年嘲笑她的人，再问这些还有什么必要呢。

何况她也已经找到了能够保护她一生的人，能够不需要任何语言就可以读懂她内心的人。

王小明捧着手机琢磨了很久，就给维维留了条评论。

他说，谢谢你。

那些伤害过你的人不值得感谢，因为是你把自己从他们给的绝望中拯救出来的。那些你伤害过的人，你才需要感谢，因为是他们让你意识到，你越张牙舞爪，越不可一世，越容易暴露你既贫瘠又卑微、既残忍又懦弱的一面。

多少次被辜负，终于长大成人

我的感情像一杯酒。

第一个人碰洒了，还剩一半。

我把杯子扶起来，兑满，留给第二个人。

他又碰洒了。我还是扶起，兑满，留给第三个人。

感情是越来越淡，但是他们每个人，都获得的是我完整的，全部的，一杯酒。

幸还是不幸，我还是在相信感情，和爱。

——七堇年《澜本嫁衣》

子淇自知不是一个聪明的姑娘。

聪明的姑娘，会在父母面前做个听话的好孩子，在老师同学面前做个懂事的好学生，在上司面前做个机灵的下属，在男友面前做个温柔体贴的女友，甚至在未来的公公婆婆面前也能把家人关系处理得妥妥帖帖，无任何不周到之处。

父母、姐妹，都告诉她，只有聪明的姑娘才能混得好。

可子淇从小到大就不是一个聪明的姑娘，她试过，但是学不来。

上学的时候，嘴甜乖巧又喜欢围在老师身边的小孩总是会更招老师喜欢，不仅犯错的时候罚得轻，做值日的时候干活少，期末家长会上老师还会主动对他们的家长美言几句。子淇只是默默地坐在教室角落，作业不早交也不晚交，上课老师不叫也不会主动举手发言，值日的时候总是被同组的小组长分去打扫厕所，期末家长会时，子淇妈妈看到老师没有提到子淇的名字，会后特意凑上去问老师，老师说，啊，你家孩子挺好的，没什么不好的。

具体哪里好呢？老师并不记得。

子淇身边那些温文尔雅落落大方的闺蜜，和男友的关系都毫无挑剔之处，温柔又不任性，体贴又不黏人，忘记了情人节礼物也不会当众大吵大闹不给他面子，去男友家里做客的时候带上合适又用心的礼物，对未来的公婆笑脸相迎、言语得体。

这些，子淇一直都没能学得来。

从小养成的略微孤僻的性格，让子淇在男友眼中显得有些“作”。

她给男友准备的爱心便当，一定要看着他吃完才算放心。她冬天织给他的厚厚围巾，一定要每天都戴才可以。出远门一定要上车下车起飞降落都给她短信报平安，几点睡觉几点起床也要告诉她才行。有时，男友跟哥们儿打游戏，一整晚没回她电话，她会生气。有时，男友跟老同学几个人出去玩，看到了她不认识的陌生漂亮女生，她也会不高兴地问来问去。她检查男友的手机、电脑、背包，挨个去加他的微信好友。男友给她的礼物，她像宝贝一样收藏着，不舍得用。去男友家做客，她犹犹豫豫地不知道穿哪件衣服，买什么礼物，自己头发够不够整齐，妆有没有过浓，在男友父母面前也是扭扭捏捏，话不知道怎么说才好，就像小时候在课堂上被老师点名起来发言的局促那样。

这样“作”的子淇，却并没有留住她的男友。二十几岁以来，她陆续交往过几个男生，有的因为移情别恋而离开，有的因为工作异地而轻易放弃，有的因为她管得太严，说没有自由，而一拍两散。

可子淇却仍然是一个一旦建立稳定的感情关系就会不自觉地“作”起来的人。她没有安全感，觉得自己永远都做不到和男朋友之间既稳定却又可以彼此保留一定的私人空间。男女朋友不是最亲密的人么？为什么我的关心会让他认为是过度的？既然我的一切都可以对他公开，为什么他的一切不能对我公开？

子淇所“作”的一切，都是源自幼稚的长不大的喜欢。那些聪明又懂事的姑娘，她们可以在任何关系里如鱼得水，是因为她们没有投入全部的喜欢。可是子淇这样的傻姑娘学不来，她的喜欢，只会演变成一次又一次的莫名其妙的争风吃醋，进而让另一半讨厌。

后来，子淇试着和一个很喜欢她的男生在一起了。虽然他很殷勤，但她并没有那么喜欢他。他每天在她下班的地方等她，她说，真的不用，我可以自己回家的。他每个周末都要安排和她一起的活动，她说，没事的，我可以自己在家，你可以和朋友去玩。她趁“双十二”打折买给他的大衣，他每天都穿，她说，你没事也要换一下啊，不要老是穿我送你的这件。他一个劲地追问公司年会上坐在她身旁喝酒的男同事的名字，她不耐烦地说，有什么好问的，我就不能和自己的同事喝酒聊天吗？

那天，她这样说着，突然意识到，这不就是那些曾经负了她的男生经常对她说的话么？

当角色反转，她变成了两个人中没有投入那么多喜欢的那个人，她突然就明白了以前的自己有多“作”、多幼稚！

子淇试着想象了一下，如果现在的男友辜负了她，她会怎么想。她觉得自己并不会太伤心，就好像丢失了一件自己并不曾真正拥有的东西一样。

果然，失去一个喜欢自己的人，和失去一个自己喜欢的人，感觉是如此的不同。

那时，子淇才明白，她终于也将变成她从前羡慕的那些懂事的女生、进退有度处处得体的女生、那些挂着标致的微笑在男友身边做一个完美的女友的女生、那些看似享受爱情却始终和最亲密的人隔着防备的距离的女生、那些永远不会无理取闹的女生。

在爱情里，谁先长大，谁才不会输。

如果可以，谁都不愿意在爱情里做那个投入得多的人。但是如果可以，又谁都不想选一个自己没那么喜欢的人。那些懂事的姑娘，是经历了辜负懂得了防备，还是自始至终就不曾喜欢？那就是她们各自藏在心底不为人知的故事了。

被真相伤害，总比被谎言安慰要好

所有男孩子在发誓的时候都是真的觉得自己一定不会违背承诺，而在反悔的时候也都是真的觉得自己不能做到。

所以誓言这种东西无法衡量坚贞，也不能判断对错，它只能证明，在说出来的那一刻，彼此曾经真诚过。

——九夜茴《匆匆那年》

我在英国读书的时候认识了男生伊安，他来我们学校找他本科时的学弟，我们几个年轻人虽然不同系，但是一起吃了几次饭，发现很聊得来，后来又聚过几次，就慢慢熟稔起来。

伊安个子很高，长得清瘦，性格比较闷，不爱说话，但是熟起来之后偶尔也可以用冷幽默逗笑一桌人。我们学校的一个小学妹很是看好他，私下里偷偷地问他有没有女朋友，问完之后愁眉苦脸地回来跟我们说，唉，人家都快结婚了，女朋友在国内呢。

我对伊安并不太了解，却未曾想回国之后机缘巧合地认识了伊安的女朋友白露。

白露和伊安是高中同班同学，读书时就是班里最男才女貌的一对。白露不像伊安那样内向，她在北京一家外企做公关，打扮干练，神色飞扬，讲起话来连珠炮一般，听的人稍稍走神就跟不上她的思维和节奏。我认识她的时候，伊安也是刚从英国回来不久，两个人立刻领了证，在北京高调地办了个很排场的婚礼。

本以为小两口从此就在北京安家落户幸福久长了，不过，白露告诉我，伊安又要去美国读博士了，至少还要三年。

我很惊奇，以前不曾以为伊安是这样致力于学术的人，并且两人刚刚新婚就要再次分开，也是不小的挑战。

白露在北京的工作虽然很顺心，发展也很好，但她面对两人的未来，也有些犹豫。她想等伊安去了美国，她就开始申请明年入读的硕士，去美国陪他。

毕竟是多年默契的情侣，白露对伊安很放心。她说，她知道伊安是个靠谱的人，否则他也不会从英国回来之后这么快就娶她，这也是为了让她吃一颗定心丸。多年的相处让他们彼此都太了解对方，也正因为如此，无论是身处同一个城市，还是隔着几大洲几大洋，都无比心安。

那是三年前的事情了。后来，由于学业和工作的原因，我和他们的联系就很少了。直到前不久，我才又从朋友那里得到白露的联系方式，得知她也在北京，我就约了她出来喝咖啡。

还未问起她后来是否去美国陪伊安，她就坦诚地说，她和伊安已经离婚了。

心心念念地从英国回来娶白露的伊安，在去了美国半年之后就出轨了，和他在美国合租的室友，一个比他小五岁、刚刚被家里送出国去读大一的年轻女孩。

白露一直被蒙在鼓里，只知道他和一个男生加两个女生合租一套大公寓，还在社交网站上看过他们四个人每天晒上去的合影和美食照片。女孩不漂亮，有着她那个年纪的姑娘特有的天不怕地不怕的稚气，每天在社交网络上发布好多条状态，考试考砸了下大雪了堵车了家里水龙头坏了指甲油涂花了，絮絮叨叨，小女生的碎碎念。

更讽刺的是，那时白露很幸运地申请到了他们学校的硕士，正欢天喜地地准备签证。伊安从那套公寓里搬出来，另租了房子，白露跟伊安在美国相聚，过上了她自以为终于美满的日子。

她说，她真的没有想到一向内向腼腆、撒谎都会脸红的伊安，竟然可以在她的眼皮底下继续和那个女孩私会了半年，每次都借口实验室太忙晚回，或是跟同学同事一起吃饭。而她对伊安太过放心了，多年恋情修成婚姻，她从没意识到会有任何意外可以威胁到他们两人之间的关系。

后来，她还是从伊安生活的蛛丝马迹中寻到了这个女孩的影子。她冷静了很久，没有跟伊安摊牌，一方面是震惊之余不敢相信伊安是铁了心想要背叛她；另一方面她有些不认识这个相处了这么多年如亲人一样的伊安了，她甚至想要看一看他到底是怎样在她面前用冠冕堂皇的谎言来伪装他的背叛。

她在伊安告诉她做实验晚归的晚上只身来到他们系漆黑一片的大楼，看到他的实验室空无一人；她趁他在浴室里的时候偷偷登录他的电脑，查看他还没来得及退出的社交网络上每一个来访者的留言；她甚至在他外出的时候偷偷去过他原先租住的公寓，看是否能见到他回来。她觉得自己变成了一个无所不用其极的私家侦探，可是任何线索都已经指向他们无法挽回的婚姻和爱情。

后来，她真的累了。她平静地对伊安说："撒谎累吗？我看着你每天撒谎我都替你累，你也别为难自己了。大家把话说开了，再一起决定怎么处理吧。"

说这句话的一瞬间，她看到伊安脸上由惊讶到尴尬再到释然的表情，她知道，他们的感情是回不来了。

我倒是很佩服白露的坚强，她仍然留在美国，拿到了硕士学位之后，两人回国平静地离了婚。

白露一个同系的同学私下里对她说，其实你没必要较真的，男人在外面玩玩，他也不一定是真的想离婚，那个年轻的小姑娘怎么可能比得上你？他又没想真的娶人家。

白露淡漠地驳回了那个同学。她说："他娶不娶她是他的事，我离不离婚是我的事。"

也有多年的闺蜜替她惋惜，同窗多年修成正果的恋情，反而比不过异国他乡空虚寂寞冷的艳遇吗？白露反倒说，类似的话她当年倒还真问过伊安。她问他："为什么你刚来美国就跟别人好上了，去英国待了一年反而没有？"

伊安的回答是真的直白又讽刺，总归那时他知道自己在白露心中已然没有什么形象了，也不介意说赤裸裸的大实话了。

他说，在英国的时候没跟别人合租，没机会，到了美国和妹子合租，近水楼台难以不得月。

那时，白露早已释然，听了他的话哭笑不得。

至于伊安后来到底有没有真的娶那个还在读大学的妹子，白露便不得而知了。

她回到北京，带着海外镀金的学历找了比从前更有发展前景的工作。她还是那个打扮干练、神色飞扬、讲起话来像连珠炮一般的姑娘，追求者众多，没人相信她离过婚。

而后来，我没有再见过伊安，虽然我总想起当年在英国时小学妹愁眉苦脸地回来告诉我们他有女朋友了的样子，但那已经是好多年以前的事情了。

生活比童话残酷一千倍，早点醒来吧

你从哪里养成这样的方式去对待女人，你甚至连自己都不知道。

要是有人也这么对待你的母亲、你的妹妹、你的妻子，你会是什么样的感觉？

——电影《末路狂花》

很多朋友都还记得蔓谊的婚礼。

几乎所有未婚的女客都拽着身边男友的胳膊，满眼冒着粉红色的心形泡泡，发着嗲说：“我也要这样的婚礼！”几乎所有已婚的女客都一边啧啧称奇一边酸溜溜地瞪一眼身边忙着吃喝的老公，心想自己当年怎么就没有一个这样的婚礼。

蔓谊的老公是她在相亲网站上认识的。一开始，她的闺蜜都笑话她，都什么时代了，你又不是四十岁还没谈过恋爱的修女，何必要到相亲网站上去大海捞针？但当蔓谊真的和她老公走到一起的时候，闺蜜们瞬间全部倒戈，纷纷私下里向蔓谊取经，然后自己也默默地注册了相亲网站的账号。

其实就是个现实版的有才有貌成熟多金男，只不过这样的绩优股实在是太难寻了，才会让一众闺蜜对蔓谊如此艳羡。

蔓谊是独生女，从小娇生惯养长大，有着公主的命，自然也就养成了一颗公主的心。在家里受惯了娇宠的蔓谊，长大以后在男朋友身边也是一点亏都不能吃。蔓谊读大学时有个善良体贴的男朋友，对蔓谊一切都好，只是家里条件差了些，他一个月的生活费连蔓谊买双靴子都不够。过惯了富足日子的蔓谊哪里懂得他省吃俭用的苦，他省下一个月的早餐钱给蔓谊买的廉价饰品也入不了蔓谊的眼。于是，两人磕磕绊绊吵吵闹闹地最终分手了，蔓谊仍然抱着一颗公主的心等着骑白马来娶她的王子。

后来，她没有再遇到过她看得上的帅气又多金的理想对象，直到碰上她现在的老公。虽然他比她大十岁，但是事业有成，成熟稳重，对她处处体贴周到，让她那颗尘封了许久的公主心又小心翼翼地苏醒了。

唯一让蔓谊稍有介怀的，是他曾经离过一次婚。他说，因为前妻事业心太重，不想要小孩，所以分开了，前妻去了外地发展。听他解释过之后，蔓谊便不再介意了，既然她已经把他看作自己的如意郎君，那成家生子自然是她想要的未来。

领到证书，好事将近，蔓谊跟他撒娇说，想要一个公主一样的婚礼。不缺钱的他一口答应。于是让一众闺蜜好友艳羡的蔓谊的婚礼成了她们朋友圈内最具谈资的大事件。

蔓谊的婚纱是国际某品牌的订制版，手工镶钻手工头纱，简直满足了蔓谊对做新娘的所有最美丽浪漫的幻想。婚礼地点是在三亚最豪华的酒店，从海边的栈桥红毯到大厅里金碧辉煌的梦幻殿堂，从七层的婚礼蛋糕到巨型的香槟塔，从新娘的捧花到送给来宾的伴手礼，一切都是按照蔓谊的构想来的。蔓谊精致迷人的巨幅婚纱照浮夸地悬挂在所有人都能看得到的地方，仿佛在以一个公主的方式宣告着她幸福人生的开始。

朋友圈里蔓谊婚礼海量的照片视频还没消退热度，蔓谊就已经跟着老公去了上海，正式过起了小妇人的生活。刚开始蔓谊还有些不满，觉得没有度蜜月，他安慰她说的确是因为现在工作太忙了，一年之内一定给她把蜜月补上。

如果说婚后生活的区别只是在于蔓谊不再工作，住所从自家变成了他的豪华别墅，那蔓谊还真是有着富贵的公主命。然而，婚后不久，蔓谊终于明白了这位别人眼中成熟多金男的前妻离开他的真正原因。

他每天晚上回家之前，蔓谊都会将饭菜做好等他。那天下午，蔓谊午睡了一会儿，醒来之后又窝在床上看了几集电视剧，误了些时间，他回来的时候饭菜还没有做好。

蔓谊看到他阴沉着脸，以为是他公司里的事情不顺心，就没有多问。他坐在餐桌前等了一会儿，看到蔓谊还在厨房忙碌，就莫名地发起火来，破口大骂，把蔓谊已经端上桌的碗碟摔了一地，和平时精明儒雅的他判若两人。蔓谊看着发疯一般的他吓得哆嗦，躲在厨房里不敢出来，他却一个箭步冲进厨房，大吼她为什么没有做完饭，然后一个耳光把手里还剥着葱的蔓谊扇到了地上。

从那天起，每个等他回来的晚上都成了蔓谊的噩梦。正常的时候，他还是那个侃侃而谈风趣绅士的男人，但有时他就会变成凶神恶煞的疯子。那个给她梦幻的公主婚礼的王子，和眼前这个动辄在家里闹得天翻地覆、下手无轻无重的恶魔，在同一个形象上重合，却又分隔两极，让蔓谊每晚在恐惧中浑身冷汗地醒来，再也无法睡去。

结婚快半年之后，蔓谊趁他出差去香港的机会，跑出家门买机票回了娘家。把女儿捧在手心里养大的蔓谊父母，见到她青肿的额头、手臂上的血痕、凹陷的眼眶和苍白的脸色，又气愤又心疼。

他毕竟是不太敢同蔓谊的父母撕破脸的，从香港回来之后，他特意飞去蔓谊家请罪，声泪俱下地检讨自己脾气不好，赌咒发誓以后再也不会动蔓谊一个手指头。

那时，蔓谊已经怀孕。他抱着蔓谊的腿哭着求她跟他回家，说他有多希望能跟她一起养育他们的孩子。

可蔓谊终究是从童话中清醒过来了，她学乖了，也不再相信所谓的公主命和幸福久长的婚姻。她后悔没有早些认清他的嘴脸，才会被他的表象所欺骗，愚蠢至极地走了和他前妻相同的老路。她知道，如果她不趁早抽身的话，这只是她后半生真正噩梦的开始。

蔓谊冷静地由父母陪伴着，同他办理了离婚手续，又去医院动手术放弃了孩子。

她是那样希望能够有一个安定美好的家，早早地生一个小孩，过甜蜜又温馨的三人生活，可她明白，不能让自己的孩子降生在这样的环境里，这不是一个合格又聪明的母亲会做的。

离了婚的蔓谊的确消沉了一段时间，甚至不敢去参加闺蜜的聚会，生怕自己这段既悲惨又讽刺的短暂婚史会被闺蜜嘲讽。她更是很久很久不敢再打开她的相亲网站账户了。

很久之后，她偶然想起，试着登录，竟然还可以上去，上面还留着她当年和前夫联系的记录。她好奇地点进他的主页，发现他依然是那个相亲网站的活跃用户，头像下面的状态一栏赫然显示：单身，寻觅佳偶中。

蔓谊打了网站的投诉电话，可网站说只负责审核会员的资料是否属实。蔓谊无奈地挂了电话。

她真心希望在自己之后，不要再有傻乎乎怀着公主梦的姑娘掉进他的陷阱了。

那个记忆里的少年，终于跟我说再见了

我在二环路的里边，想着你
你在远方的山上，春风十里
今天的风吹向你，下了雨
我说所有的酒，都不如你
我在鼓楼的夜色中，为你唱花香自来
在别处，沉默相遇和期待
飞机飞过，车水马龙的城市
千里之外，不离开
把所有的春天，都揉进一个清晨
把停不下的言语变成秘密，关上了门
莫名的情愫啊，请问，谁来将它带走呢
只好把岁月化成歌，留在山河

——鹿先森乐队《春风十里》

三年没有回国了，坐在飞机上十几个小时百无聊赖的时候，

蒋庭打开了电脑，翻看着等待登机时她下载的陈墨发来的照片。

是他的结婚照，新郎玉树临风、潇洒倜傥，新娘美目顾盼、温婉可人，活脱脱的一对璧人。

登机前，她还给陈墨打了一个电话，跟他故作轻松地开着玩笑：“说好的终身不娶呢？”

陈墨也笑，却少了些洒脱，多了些尴尬。

一张张地翻完结婚照，蒋庭终于还是忍不住打开了另一个文件夹。那是她存放所有旧照片的文件夹，小时候没有数码相机，她从自己家里泛黄的相册里把照片一张张地摊开，仔细地翻拍下来，再用 ps（photoshop，一种做图软件）调调亮度，一张张保存在自己的电脑里。

从小到大的照片，每一张里面都有陈墨，就连没有蒋庭自己的照片里，也有他，张着嘴露着没长齐的牙，腼腆又可爱地笑。

陈墨比蒋庭小三岁，两个人都是土生土长的北京孩子。蒋庭背着妈妈买的新书包上小学的时候，陈墨还拖着鼻涕在幼儿园大班里满地跑。他们的父母是同一个医院的医生，从他们不记事的时候起就认识了，住在同一个家属院里，楼上楼下，老式的家属楼破旧不堪，陈墨在自己的房间里跺跺脚踢个球，蒋庭天花板上的吊灯都要抖三抖。

两家的大人从小就放任他们两个在一起玩。蒋庭那时像个假小子，剃着平头，穿着背心裤衩，翻墙爬树样样行，是大院里的孩子王，不跟女孩子一起跳皮筋荡秋千，只跟男孩子一起弹玻璃球、做弹弓、玩打仗。

陈墨却截然相反，他小时候三天两头生病，身体不太好，从小幼儿园的大孩子就欺负他。后来到了上学的年纪，父母看他长得瘦小枯干，很是担心他会继续被同学欺负，想要让他晚一年再上学。蒋庭拍着胸脯在陈墨爸妈面前打保票说：“叔叔阿姨放心，有我在，没有人敢欺负陈墨！”

陈墨一年级的时候，同桌的小胖子扔掉了他要交的作业本，陈墨不敢吭声，因为没交作业被老师罚站了一中午，连午饭都没吃。放学回家之后，委屈地跟蒋庭说了，第二天蒋庭上学就冲到陈墨他们班，把小胖子揪起来，拎起他的书包，哗啦哗啦把所有的书本都倒进了教室门口的垃圾桶。小胖子瘪着嘴想哭不敢哭，蒋庭点着他的鼻子说：“你要是再敢欺负陈墨，我就把你也扔进垃圾桶！”

从那时起，陈墨的同学们都知道了四年一班的疯丫头蒋庭是陈墨的姐姐，也再没有人敢欺负陈墨，最多只能在见到他的时候刮着鼻子说：“羞不羞，你去跟你姐姐告状啊。”

蒋庭一直以为陈墨是习惯并且喜欢自己的保护的，直到她读初三那年，在出家门的时候遇到刚放学回家的陈墨，拿着个脏兮兮的足球，满头大汗。那时的陈墨早已不再三天两头生病，每天在外面踢球让他一年四季都被晒成泥猴儿，灰头土脸。

蒋庭说：“我要中考了，要读本校高中，你来不来我们学校念初中？”

陈墨挠挠耳朵，愣头愣脑地说："不知道。"

蒋庭说："什么不知道？来读我们学校初中就能跟我在一个学校啦！"

陈墨不吭声，半天才吭哧吭哧地说了一句："跟你在一个学校怎么了，又让所有人都知道我动不动就去找我姐告状么？"

然后，陈墨就抱着脏兮兮的足球上楼了，留蒋庭一个人站在家门口，发了很久的呆。

那时，蒋庭并不太清楚自己的心思，只觉得，原来陈墨是不喜欢让同学知道自己是他的姐姐的。她有些失落，却不知道自己在失落些什么。

只是后来，陈墨还是来读她们学校的初中了，她暗地里高兴了很久。但是她知道陈墨已经长大了，不需要她的保护了，她再没有在陈墨的同学面前出现过，没有人再说她是他的姐姐。

读了高中的蒋庭留起了长头发，即使仍穿着土气又不合身的校服，举手投足之间也不再是当年的假小子。她开朗直率的性格为她赢得了不少朋友，也有男生小心翼翼却真诚地表示对她的喜欢。常常收到偷放在书桌里的情书的蒋庭，心里是开心的，少女特有的虚荣感总是能够得到满足；但她又是不开心的，因为陈墨虽然和她在同一个学校读书，在校园里迎面碰到的时候却从来都装作不认识她，跟他的哥们儿们大声说笑着走开。陈墨在不知不觉间长得高出了蒋庭一个头，虽然依旧内敛寡言，却也不再是当年受气包的模样。

蒋庭知道，陈墨再也不是当年那个受了委屈跑来对自己哭诉的小男孩了。有时，她会在家里翻看小时候的照片，看到在一群孩子中间还攥着自己衣角的陈墨，看到他在照片里一天一年长高变黑的轨迹，看到他和自己越来越疏远的样子。

后来，蒋庭高考了，报了离家最远的一所南方的大学。陈墨中考了，继续留在他们本校的高中。高考放榜那天，蒋庭走出校门的时候，正遇见推着单车要回家的陈墨。

陈墨说："姐，祝贺你呀，我听阿姨说了。"

蒋庭笑了笑，说："也祝贺你，你好好学习，将来考的学校肯定比我牛多了。"

陈墨咧嘴笑，有点不好意思。

那天傍晚，陈墨破天荒地骑单车载蒋庭回家，两个人聊了一路。陈墨问她，想不想离开北京。蒋庭说不想。

她说，北京的一切都让她惦记，却也只是惦记而已。

学校离家只有骑车十分钟的距离，蒋庭坐在他后面，伸手拉着他皱皱的T恤，从他背后探出头，看着迎着风的夕阳在城市尽头缓缓落下，心里希望这条路永远永远不要走完。

她攥着他的衣角，手心里是细细的汗，就像小时候他攥着自己的衣角一样。

她问他："如果你喜欢一个人的话，你会怎么做？"

陈墨迎着风，有些没有听清她的话，问："你说什么？"

她大声地在他后面说："如果你喜欢一个女生的话，你会做什么？”

陈墨没有迟疑，大声说：“喜欢一个女生？我要是喜欢上一个女生的话，隔着天涯海角我也要去把她追到手啊！”

蒋庭听着他的话，心里酸酸的，又甜甜的。

那时她想，就算天涯海角，我也等你。

没想到，这一等，就真的是天涯海角了。

陈墨考上了东北的一所大学；那年，蒋庭报了学校的美国交流项目，去了美国，又直接申请了美国学校的硕士。本科毕业的那年，她回过一次国，听陈墨他妈说，他在大学找了个女朋友，被人家甩了，很久都没有从失恋里恢复过来。

蒋庭打电话给他，他说：“姐，你在美国吃香喝辣的还好不？我倒霉着呢。”

蒋庭就安慰他说：“天涯何处无芳草，不要为了一个妹子而放弃整个花花世界。混不下来了就来美国找我，姐罩着你。”

陈墨说：“道理我都明白，我就是走不出来。我太喜欢她了，姐，为了她我宁愿终身不娶。”

蒋庭没笑他幼稚，而是说：“我懂，我遇到我喜欢的男生不要我，我也宁愿终身不嫁。”

陈墨就不说话了。

蒋庭不知道他听懂了没有。

蒋庭打算硕士毕业就回国的，后来由于工作的原因，在美国多留了一年。快回国的时候，她妈兴高采烈地打电话给她，说：

“你回来得正是时候，陈墨今年夏天在家乡办婚礼，可不能少了你！”

陈墨大学毕业就结婚了，新娘是他的大学同学，但不是当年那个让他失恋的妹子。

辞了工作的蒋庭，只身去了迈阿密玩。她租了辆车，沿着迈阿密沿海的公路，一直往南开，开到了美国最南端的西礁岛。那里有一个天涯海角的标志，每年有无数旅客在那个标志底下拍照，证明自己来过了天涯海角。

蒋庭也站在那个挺丑的标志底下，让路人给她拍了一张照。夕阳映在海平面上，蒋庭突然想起了陈墨骑着单车送她回家的那个傍晚。陈墨说，我要是喜欢一个女生，隔着天涯海角也要把她追到手。

蒋庭终于明白，世界这么大，北京那么小，她和他之间，却始终隔着天涯海角的距离，无论她再怎么追，也追不上他的脚步。

坐在回国的航班上，蒋庭看着照片里她和陈墨幼年的脸庞，哭了，又笑了。那个躲在她身后腼腆地笑着的小男孩，如今已经强大到可以保护他想保护一生的人；而从年幼起就想着保护他的自己，也终将遇到自己想要依靠的人，只是不会是他了。

她删掉了他们所有的照片，她知道，到了强迫自己忘记的时候了。

就算天涯海角，我也不会再等你了。蒋庭在心里说。

那个记忆里的少年，终于跟她说再见了。

千万种条件，都敌不过一句喜欢

有时候，我多么希望能有一双睿智的眼睛能够看穿我，能够明白了解我的一切，包括所有的斑斓和荒芜。那双眼眸能够穿透我的最为本质的灵魂，直抵我心灵深处那个真实的自己，能解决我所有的迷惑，或是对我的所作所为能有一针见血的评价。

——三毛《雨季不再来》

世界上有那么多条河流，河流上有那么多的船只，我却驶向了你。

世界上有那么多的城市，城市里有那么多的街道，我却遇见了你。

世界上有那么多的人群，人群中有那么多的灵魂，却只有你走进了我心里。

雁梓是我们朋友圈里最文艺的女青年，你能想到的一切主流社会给文艺青年贴上的标签，安在雁梓身上都毫无违和：写诗、作曲、弹吉他、听民谣、做手账、极简主义、小众文学，等等。

雁梓几乎成了我们身边的莉莉周陈绮贞曹芳张悬，她推荐的小说电影要是不去看一看，都不好意思说自己逼格高了。

不过雁梓更是个深藏不露的学霸。在斯坦福大学比较文学系读博士的她，福柯尼采康德讲得头头是道，对启蒙主义理性非理性主义解构学多有涉猎，能跟东亚系的中国古典文学老师聊金瓶梅，也能跟艺术史系的年轻本科生聊达达主义和法国先锋派艺术。这样的雁梓实在是内外兼修秀外慧中的女神，上得讲台下得酒吧，可俗可雅可前卫可古典，我们都以能与雁梓做朋友为荣。

这样的女神，感情史却是一张白纸，或许太专心于学术研究了，她不仅从来没有谈过恋爱，也从来没觉得谈恋爱是生活里的必需品。

不过有一天，雁梓突然告诉我们，她有一个追求者。

我们丝毫不觉得奇怪，雁梓这样的女神，没有追求者才会让人觉得奇怪吧。不过既然她告诉我们了，或许说明女神这次终于被某颗情真意切的心给打动了。

这位追求者也是中国人，跟雁梓年纪相仿，在隔壁另一所名校读博士，还剩一年就毕业了，艰深晦涩的数学系，想想就让人崇拜得五体投地。

博士是在隔壁学校文学系的研讨会上认识她的，博士跟那个会议没关系，是被他室友拉去的，一去不要紧，一眼就看到了正在讲台上做 presentation（演讲）的雁梓。雁梓那天就穿了她平常的打扮，白裙素衣，讲着艾略特的诗，当真是眉目流转，白衣胜雪，飘飘欲仙，让人惊为天人。

于是，博士就在雁梓女神的美貌加才情下沦陷了，从此茶饭不思，办公室也不去，天天开着车跑到斯坦福来。雁梓倒是淡定，依旧每天规律地重复系里—图书馆—食堂—宿舍四点一线的生活，没把人家当回事儿。博士便有些着急了，好心好意地加了我们这些和雁梓关系稍微密切一点的人的联系方式，偶尔就私下里问我们：雁梓今天有课吗？雁梓明天下午在不在系里？雁梓周末有没有空？

我们很无奈，每人都有自己的作息时间，我们没权力也没义务去管雁梓有没有空，只好委婉地告诉他，想追女神还是得自己得到人家眷顾才行。

后来听说他挨个跟我们聊了一圈，雁梓颇觉意外，问：“他不是问我有没有空吗？挨个把你们问遍了，就是不问我本人，这是怎么个意思？”

思维直线的文学青年，在谈恋爱这件事情上，还是天真得很。在我们的好言相劝下，雁梓联系了博士，两个人一起吃了顿饭。回来之后，我们八卦地问她怎么样。

雁梓有些茫然地问：“什么怎么样？”

我们说：“当然是接下来怎么样啊，要不要进一步发展？”

雁梓说：“还有进一步？他就是问我要不要一起吃晚餐，我跟他一起吃了啊，这不就完了么？”

我们顿时头上一排黑线。还真是思维直线呢，她的智商和情商估计都分给她的学术研究和文青生活了，留给谈恋爱的一点也没剩。

雁梓说，博士充分利用了晚餐的两个小时时间，把自己的祖上背景父母地位成长经历学术成就有条有理地汇报给了她，还真是位条件不错的选手，父母一个是业内教授一个是政府高官，家里在某一线城市和某南方沿海度假城市都有好几套房产，他将来博士毕业无论是留在美国寻教职还是回国进高校，前景都是一片大好。

我们正边听边想这可真是个高分选手，雁梓叙述完了，最后来了一句："也不知道他说这些给我是什么意思？跟我又没有什么关系。"

我们恨铁不成钢地告诉她：人家这是坦诚相告，真是打算要追你呢。你还不抓住这个机会，过了这村还哪有这店了？

后来正赶上放暑假，我们回国的回国，旅行的旅行，有好几个月没有再聚，也没有跟踪访问雁梓女神的恋爱进程。直到开学回来，突然在校园里看到雁梓，吓了一大跳。

本来素净白皙的雁梓，整个人晒黑了好几个色号，脸庞肩膀手臂都泛着小麦色的健康光泽，穿着件露背吊带的大红色裙子和草编凉鞋，要不是她跟我们打招呼，我都没认出来站在面前的是个亚洲人。

我们上下打量了她好久，才合上掉下来的下巴问雁梓："你整个假期究竟经历了什么？！"

原来上学期快期末的时候，雁梓在学校游泳池认识了一个在戏剧系读硕士的西班牙小哥，中国的文艺女青年和西班牙的文艺男青年意外地很聊得来。雁梓说她一直想去巴塞罗那，小哥说：“我暑假正好要回家，走啊！”

雁梓就办了签证买了机票，跟小哥去西班牙待了两个月，游遍了西欧，还去了三毛跟荷西的家乡——加纳利群岛的一个沿海小镇。她给我们看她和小哥在山崖上拍的照片，背后是耀眼的蓝天白云，就像三毛跟荷西的那张照片一样美。

雁梓说，她还给小哥讲了三毛跟荷西的故事，把小哥感动得不要不要的，当场就跟雁梓表白说，以后要一直在一起直到一百岁。

这又是什么神展开？向来高冷又文艺走着“性冷淡风”的女神雁梓，就这样抛弃了她的白衣素裳，变成了个戴着遮阳帽和墨镜、身上晒出一件比基尼，还天天跑去上西班牙语课、用蹩脚的西班牙语给男朋友写奇形怪状情诗的女神经。

说走就走的旅行，说爱就爱的人，在她们文艺女青年身上还真是实践得毫不含糊呢。

不对，我突然想起，博士呢？

雁梓哈哈大笑，说早就跟博士和平谈判了。她说：“你的条件再好，我不喜欢你，喜欢别人，也没有办法。”

博士自然不能理解，一脸茫然地问雁梓为什么。他说：“我跟你这么般配，你怎么会不喜欢我，还去喜欢一个比你小五岁的西班牙人！”

雁梓对他的不能理解也是不能理解，她说：“谁说般配的人就要互相喜欢？在我眼里，只有互相喜欢的人才般配！”

我们觉得雁梓这句话说得真精辟。

目前雁梓仍然在读她的博士，西班牙小哥硕士毕业之后，直接在附近的旧金山找了份工作，两个人过起了平时各忙各的、周末一起去剧院电影院博物馆画廊的属于文艺男青年和文艺女青年的小生活。

至于隔壁数学系的博士呢，前段时间去隔壁学校听讲座的时候，一个中国留学生告诉我，博士毕业了，没有在美国学校找到教职，悻悻然卷铺盖回国了。我顺口说：“他家里那么有背景，进国内最好的高校都不成问题啊。”

这位同学莫名其妙地看了我一眼，问：“他吹牛都吹到你们斯坦福去了？”

我说：“他以前追过我们学校的一个姑娘，跟姑娘汇报过他的家底。”

同学哈哈一笑说：“他跟外人都这么吹，哪有什么牛掰的家底背景，就是一普通工薪阶层家庭，在我们这儿拿着学校的钱，一分一分地过得可省了，说家里还攒着钱等他回去娶媳妇呢。”

听了真相，我略感心酸，心想博士为了追女神也是拼了，明明可以靠才华吃饭，偏偏要拼个莫须有的爹。

正想着，同学又说：“这不，他毕业回家之前还跟室友借了几千块钱，说家里有急事，回国救急之后就还给他。到现在好几个月了，毛都没见着，他室友后来跟我们抱怨了好久呐。”

我不禁哑然失笑。果然不管是真的还是假的般配，都敌不过雁梓用喜欢下注的直线思维，这比那些盯着对方的家底背景下注的姑娘们，不知道要好到哪里去了。

男神是用来欣赏的，男友是用来一起生活的

想起以前爱过的人，像从别人的皮箱里看见自己赠出去的衣服。

很喜欢的一件，可惜不能穿。

——简媜《私房书》

小童喜欢尚均的时候，我们大家都知道。

不过，喜欢尚均的可不止小童一个。他有个大学同学在邻校，时不时就跑过来叫尚均请她吃饭；他们系比他小一级刚来的国内学妹，每天磨着尚均开车捎她去餐厅超市健身房公园；他在国内的异性同学好友，三天两头不顾时差骚扰他的也是颇有人在。

那些都是后话了，不管有几个人喜欢，尚均毕竟是单身，小童就放心大胆地喜欢了。

尚均还是很具有男神气质的，长相身材都在同龄的男生中出挑，学工科的男生还弹得一手好钢琴，吉他也可以信手拈来唱首歌炒热聚会气氛；不仅多才多艺，学术上也颇有造诣，动辄在高端期刊上以

第一作者发表论文，又或是带领研究团队拿下了业内重要项目，风头一时无两。

小童自恃条件也是不差，在尚均的众多关注者之中默默无闻了一段时间之后，就大着胆子跟尚均表白。她是个直性子的姑娘，喜欢一个人就总要说出来试试，从不怕被拒绝。那时的小童，或许并不能分得清楚喜欢、羡慕、崇拜、好奇这些微妙又不同的情感之间的区别，总之，她认为她是喜欢尚均的，她要试着跟他在一起。

让人略觉意外的是，一向和姑娘们保持着友好又不越界的距离的尚均竟然在考虑了几天之后接受了小童的表白，他说：那我们就试试看吧。

也就是说，尚均答应做小童的男友了。小童喜笑颜开，摩拳擦掌做好了当男神女朋友的准备。

不过，两人正式明确关系之后，仍然很少一同出现在公共场合。小童常常以女朋友的身份关心尚均，在他忙实验熬到深夜的时候做份夜宵送到他实验室，在他拿到学术奖项的时候第一个送上祝福，平时更是早晚提醒他天冷加衣按时吃饭早点睡觉。

让小童有些别扭的是，尚均仍然像以前一样，和其他的姑娘们保持着友好又不越界的距离。邻校的女生跑过来叫他吃饭他会去，学妹叫他捎她去超市买菜他也会去，其他异性好友的聊天也会三言两语地回复。总之，在其他的姑娘面前，就像他没有女朋友时一样。

这让把自己当作他正牌女友的小童不太开心。她常常提议："你下次和你的同学或者哥们儿一起吃饭或者出去爬山的时候，也带上我吧。"

尚均却说："咱们俩当然要两人独处，和别人吃饭带上你，你不熟，也会无聊的。"

小童便只好作罢。可是，和尚均在一起有一段时间了，他们俩却几乎很少一起出去吃饭或是周末出去玩，尚均的时间表总是被他重要的学术研究、私人的休息时间、私人的兴趣爱好时间、私人的锻炼时间、同学的联谊时间、社团的活动时间等占得满满当当的，而其中并没有一栏叫作"和女友的甜蜜时间"。

于是，这位所谓的正牌女友，和尚均在一起的时间甚至比他的那些异性同学好友还要少得多。对好友们的请求和帮助，尚均总会放下男神的架子，热心相助，随叫随到，而对于女友小童的要求，尚均却往往一次一次推后或拒绝。小童稍稍表达不满的时候，尚均就会说："这就是我的生活方式，你是我的女朋友，当然要体谅我，习惯以我的方式相处。"

和尚均相处了几个月之后，他们系举行年终酒会，可以携伴出席，而小童还是从别的同学口中听到的，尚均并没有告诉她。她压下心里的不满，问尚均要不要带她一起去。尚均这一次拗不过她，终于同意了。

那天，小童化了很久的妆，穿了漂亮的小黑裙，自觉作为尚均的女朋友不会给他丢脸。却没想到，尚均是带她去了，进了会场之后，就把她一个人晾在那儿，自己去找各位熟人海侃叙旧，期间还作为博士生代表被大家推举上台讲了几句，却自始至终没有再走过来和小童说过一句话。小童一个人都不认识，也没有一个人来问她是和谁一起来的。她默默地站在角落里观望了一会儿站在人堆里神采飞扬口若悬河的尚均，一个人感到十分无聊，便早早地离开了酒会。

后来，小童跟尚均说："我们分手吧。"尚均还很奇怪，说："为什么要分手？我觉得我们相处得很好啊，你也是一个很合格的女友。"

小童对他说："我可以做一个合格的女友，是你不合格。我要的不是一个高高在上的男神，而是一个可以和我一起生活的男友。"

小童跟尚均分开之后，小童这边的朋友多多少少都有些不解，毕竟尚均是朋友圈里难得一见的才貌双全的优质男神。小童只是淡淡地说两人不合适，便会有朋友笑她太挑剔太矫情，条件这么好的男生，一句不合适就放弃了，也太公主病了吧。

小童未多做解释，至于尚均那边，和从前并无二致，多了少了小童这个所谓的女朋友，尚均依然是那个治学严谨、活动丰富、朋友众多、风头无两的男神，他的同学哥们儿、异性好友甚至从来不知道他这么短暂地有过女朋友。

后来又过了几个月，小童和另外一个男生在一起了，是她在这边认识的老乡。男生看起来憨厚腼腆，不太爱说话，但是会在跟小童一起和朋友吃饭的时候给她夹菜，在小童宅在家里懒得出门的时候买菜过去两个人一起做饭，周末两个人一起找附近好吃的新餐厅尝鲜，或是出门看一场电影，到附近的公园爬爬山。小童的朋友都见过他，说他虽然不爱说话，但是蛮细心体贴。他的朋友也都见过小童，常常逗他说终于时来运转了，找了这么个美貌又贤惠的女朋友，他就挠挠脑袋憨厚地笑。

和他在一起之后，小童变得开朗自信了许多，并且常常和朋友提起自己的男朋友，言语中满是温暖和骄傲。有时，朋友会问她他们是怎么在一起的，小童就说，没有什么理由，就是两个人互相喜欢，一起生活的感觉越来越好。

她不再因为崇拜或者好奇而去追求一个人，而是找到了让她最踏实最心安的一种喜欢，那才是足够支持两个人共同生活的动力。

至于尚均，小童还是偶尔会在朋友的言谈中得知他的消息，当然仍是以众人口中的大神形象出现，要么是又拿了什么牛掰的奖学金，要么是成功地代表社团参加了什么比赛。

小童还是会和大家一样，对男神表现出无比的羡慕，但羡慕总归只是羡慕，那人似乎跟自己一点关系也没有了。

Chapter 5
即使情路注定坎坷，好姑娘也从不妥协

"怀旧强迫症"晚期患者的自白：终于不再害怕新的开始

未曾长夜痛哭者，不足以语人生

选择结婚还是单身，最终都会后悔吗？

又恋爱了，这感觉真好

姑娘，请继续高冷下去吧

我真想看到你最疯狂最敢爱的样子

当我为了你背叛全世界的时候，你在哪里？

“怀旧强迫症”晚期患者的自白：终于不再害怕新的开始

寂寞是不能排遣、打发的。我太明白，还而遗之，随即，它又来了，而且这回，它要的更多。寂寞唯有一途，就是与寂寞彻底共处。

我屡屡被自己催眠啊，梦想这次遇见的必就是唯一的，固定的。我太恐惧揭破真面目，这表示，又再一次落空。然后是又再一次的低潮，虚耗，一息尚存于早上醒来，为什么没有死，遂又要开始度过一个白天。随日照渐渐西移，人一寸一寸减弱下去，到黄昏最后一线夕光收尽人亦形骸消散，飘零的灵魂只想找到一件物体可以附身，暂栖一宿到明天，谁知道，恐怕今夜就过不去了，那也没什么分别。

——朱天文《荒人手记》

我们都说小永是个“怀旧强迫症”晚期患者。

她从小到大读书从来没有离开过家乡，也从来没有搬过家。

她的房间里有几十个收纳盒，里面装着她从小到大攒下来的所有家底：小学时的一叠红领巾，一厚摞奖状，几捆中考高考的模拟试卷，整箱坏了锁缺了页的日记本，整箱用光的护肤品和香水瓶子，无数穿不下或不想穿的衣服鞋子，被淘汰的手机、手机线、耳机、鼠标、键盘，陈旧的报纸、杂志、书籍，她画画用的画架、画板、笔墨颜料、无数张废稿……

她的电脑也是一样，买了无数个硬盘，仍然存储空间不足，她有无数个文件夹的照片视频和文档，多得让人怀疑她是不是从开始用电脑的那天起就从来没删除过任何东西。

小永的朋友，包括我们，都是和她认识十几年的好友。她读书的时候在美术学院，毕业之后和朋友在家附近合开了一个小工作室，不需要跟太多陌生人打交道，更不需要认识什么新朋友。

每次我们和小永聊天，都是在讲以前小时候的事，想想也是很温馨的，但我们早已走上不同的路，有了不同的工作圈和朋友圈，不能永远活在怀旧的氛围里。只有小永能做到。她喜欢一切与过去有关的东西，至于未来会怎样，她似乎从来没有想过。

害得小永的“怀旧强迫症”症状严重到极点的，是小永交往了八年的男友浩文。

自然，小永这样怀旧的人，她的男友也一定是“旧人”。浩文和小永是中学同桌，互帮互助地度过了三年枯燥乏味的高中生活，两人大学仍留在家乡的城市，继续着细水长流的恋爱。每周末，浩文都会倒两次公交车，趁正午懒洋洋的阳光还没照到头顶，来到小永家楼下，等她睡懒觉起床，两个人再手拉手甜甜蜜蜜地去吃饭、逛街、看电影、压马路。

小永觉得，喜欢的东西在手边，喜欢的人在身边，还有比这更现世安稳岁月静好的么？

可惜现世安稳岁月静好一类麻醉药都是给火烧眉毛了还闭着眼睛死不承认的胆小鬼打的，既懒又怕如小永者，也不得不硬着头皮投入走马观花的社会，试图在不需要改变太多三观的前提下找到一个属于自己的生活位置。小永和朋友一起经营着工作室，每天专心搞创作，倒也不需要太多复杂的心思。浩文为了小永，放弃了原本想去大城市发展的念头，留在家乡进了一家证券公司，仍然和小永维持着近距离的稳定关系。

小永以为一切都不会变，可我们都知道，这世界上唯一不变的就是变化。你越抓得紧，周围万物越会逐渐成为你不认识的样子。

浩文在公司里做得很好，上司希望他考虑去深圳的一个待遇丰厚的职位，他有些心动。浩文对小永说："我想去是因为可以早点挣够娶你的钱。"

但是，小永害怕。她是依赖浩文的，只有他在身边，在她眼睛能看到伸手能摸到的距离，她才觉得安心。从小到大她都没离开过成长的地方，也不希望自己喜欢的人跑到千里之外去挣钱等回来娶自己。

小永说："我不让你去。我不要你挣大钱回来娶我，我就要你在我身边陪我。”

一哭二闹都用上了，浩文终于不耐烦了。他说：“好吧，我并不只是因为想挣钱娶你，我也想拼一拼我的事业。一个大男人，一辈子在这小地方窝着，有什么出息？”

小永就又哭了，说：“我就知道你不是想娶我，我就知道你是想离开我。深圳那么远，你要去就别回来了，咱们俩就算完了。”

可是，这次浩文是真的打定了主意。他没有再理撒泼抹泪的小永，买了机票，干净利落地打包去深圳了。

我们倒是有些意外。跟拖沓念旧的小永谈了这么多年恋爱，浩文倒是一点都没被传染上她的怀旧强迫症。

没有了浩文的小永这下是真的傻了。与浩文相处了八年，她从来没有想象过如果有一天浩文离开了，她该怎么办。作为一个怀旧强迫症患者，她把所有的东西都安安稳稳按部就班地放在自己身边，看得好好的，一个都不丢，可是她忘了浩文是个大活人，他有自己的人生路要走，也有权利选择要不要和小永在一起。

小永整整两个星期没有去工作室，她窝在被旧物堆满的房间里，一点一点地整理与浩文有关的所有东西。从高中起两个人共用的每支笔每个本子、夹在每次生日礼物里的情书、高考之后的夏天两个人一起去海边玩捡回来的贝壳和石头、大学军训打靶留下作纪念的子弹壳、两个人一起画满线的四六级单词书、毕业典礼上戴的学士帽，以及浩文每年生日和情人节送给她的礼物，她都分门别类地留着，和她所有怀旧的道具一起，摆在房间里一睁开眼就能看到的地方。

我们觉得小永的“怀旧强迫症”迟早会把她逼疯。

朋友们再轮番开导，终归比不上自己迈过这道坎。两个星期之后，小永恢复了工作，却不再提起浩文。跟了她二十多年的强迫症，自然不是一朝一夕就能够治好的，何况是小永这样的晚期患者。一直过了三个月，小永突然在一次聚会上跟我们宣布，她要离开工作室了。

她一脸郑重地说，她要去深圳。

听到这句话，我们的第一反应是，好不容易治了三个月，又复发了。怎么办？

但是第二反应是，从来没离开过家乡也从来没想过离开家乡的小永，竟然宣布要去深圳。先不管从她的生活自理能力来看这是否可行，这可是比鲸鱼爬树老鼠抓猫还要稀奇的事情。

面对我们的担心，小永说：“我没复发。我就是想证明我痊愈了。我要去深圳。”

永远不要小瞧一个女生发起狠来自愈的力量。小永真的交接好了工作室的事情，订了机票。但当她坐在房间里收拾行李的时候，却很是纠结了一番。从来没出过远门的她，竟然不知道要带什么行李。

我们说：“带你的吃穿用度。任何跟你的怀旧强迫症有关的，都不许带。”

后来，小永艰难地收拾好了行李，登上了去深圳的飞机。我们很是担心她，千叮咛万嘱咐地叫她报平安。

小永到了深圳没多久，就告诉我们一切都好。

我们忙不迭地问："浩文呢？"

小永答非所问地说，她找到了一份广告公司的工作，现在正在找租的房子，打算在深圳住下来了。

我们更是一头雾水，继续追问："浩文呢？"

小永这才说，她到了深圳之后，联系上了浩文，还没等她告诉浩文她已经到了深圳，浩文就先开口说，他已经有新的女朋友了。

小永却并没有像我们所担心的那样崩溃。她竟然就那么淡定地找了份工作，还不急不慌地找起了房子。我们反倒惊慌地质问："你不是去找浩文的吗？"

小永说："既然都已经决定要改变了，还怕更大的改变吗？"

小永还说："多亏你们逼着我没有带任何跟我的怀旧强迫症有关的东西，也多亏我管住了自己没有跟浩文见面。不然我还真担心我的病会不会又复发呢。"

不过，既然小永已经迈过了这道坎，我们也就放心了。摆脱了纠缠她二十几年的过去，一身轻松的她，终于不再害怕新的开始了；那些林林总总琐琐碎碎的回忆，也终于可以永远留在家乡的旧房间里，不用再成为她奔向新生活的绊脚石了。

勇于丢弃过去的人，又有什么样的未来不能拥有呢？

未曾长夜痛哭者，不足以语人生

都市的夜晚，由于灯火的作祟，已没有黑暗可言了。

而在故乡，我能伫立在夜晚的窗前，也完全是因为月色的诱惑。

有谁会欣赏黑暗呢？然而这个伤痛的夜晚，面对着这处子般鲜润的黑暗，我竟有了一种特别的感动，身上渐渐泛起暖意，有如在冰天雪地中看到了一团火。

如今能看到真正的黑暗的地方，又有几处呢？

黑暗在这个不眠的世界上，被人为的光明撕裂得丢了魂魄。

其实黑暗是洁净的，那灯红酒绿、夜夜笙歌的繁华，亵渎了圣洁的黑暗。

上帝给了我们黑暗，不就是送给了我们梦想的温床吗？

如果我们放弃梦想，不断地制造糜烂的光明来驱赶黑暗，纵情声色，那么我们面对的，很可能就是单色调的世界了。

——迟子建《我对黑暗的柔情》

灯红酒绿的唐人街永远是这个空旷又落寞的城市最为人间烟火的角落。

散落在异国他乡的华人，每到华灯初上，便三三两两地凑进唐人街上琳琅满目的中餐馆，叫上几个早已不辨味道的家乡菜，用家乡话跟老板开上几句玩笑，再马马虎虎地填饱肚子，心满意足地走出门外，陆续消失在寂寥的夜色里。

这一桌坐的都是年轻人，看似周围读大学的学生。拿着父母用来支付高昂学费的钱，觥筹交错，席间还不忘句句抱怨学英文有多难，语言班有多麻烦，间或夹杂着女生之间讨论又买了什么名牌鞋子包包和香水。

她把桌上狼藉的杯盘撤下来，艰难地端到后厨洗碗池。

她和他们本是同龄人，不像他们那样出身优渥、父母不是显赫高官就是富商大贾，但她是凭自己的努力考到英国来读书的，为了供她的学费，工薪阶层的父母不得不申请了高额贷款。

她不是不懂得孝顺的孩子，拿着恨不得掰成几瓣花的钱换成英镑来维持自己的生活，她每花一笔都要算计好几次，她明白自己跟别人不一样。

可她也有她的苦衷。她的男友在另一座城市，坐火车要三个小时。他和她一样不宽裕，如果她不去看他，他便不舍得花钱买票来看她。为了省下钱来多去看他几次，她四处寻找打工机会，却除了在餐馆打零工之外找不到体面的工作。她只得来到距学校很近的唐人街，在这家中餐馆每晚做三个小时工，拿些微薄的钱贴补己用。和她一起洗碗的是个比她还小的缅甸妹子，说是当年跟家人偷渡来的，没有身份，永远只能躲在餐馆的后厨帮忙。

她白天是学校里衣着得体举止儒雅的学生，晚上当同学们回去学习休息娱乐的时候她却和一群不识字的华人移民、偷渡客一起在后厨洗碗。她没有怨言，因为父母给她的钱越来越少了，她需要生活下去，却难以启齿向父母要钱。

语言关过不了，就更难找到体面的工作，她便争分夺秒地赶时间补习语言。有一晚活少的时候，她躲在储物间看书，被老板娘发现了。老板娘倒是没说什么，只是说："哦，你闲着没事做啊，那去把厕所马桶清理一下吧。"

那晚，她刷着厕所里的马桶，听着外间悠扬的音乐声和嘈杂的人声。马桶里溅出来的水落在她放在一边的英文书上，她没有去擦。

回到住处以后，她揉着酸痛的手脚，打电话向男友抱怨。男友一边忙碌着自己的作业，一边说："那有什么办法，又不是我叫你去打工的，也不是我叫你每周来看我的。好了我要忙了，不说了。"

挂断电话之后，她终于忍不住委屈地哭了一个晚上。她不知道自己究竟在做什么，自己莫名其妙的付出和心酸又都是为了什么。

心灰意冷地哭到凌晨，她拨通了家里的电话。没想到母亲很快就接起来了，着急地问她："怎么了？你这个时间不是在睡觉吗？出什么事了吗？”

她便听到电话那端父亲远远地问：“她妈，怎么了？孩子打电话有什么事？”

那一瞬间，她突然很想飞过千山万水去拥抱一下自己的父母，自己那清贫却不忍心打碎孩子梦想的善良父母，无论自己受了多少委屈都会永远站在自己一边的父母。

她忍住哽咽，说：“没事，我就是做了噩梦睡不着了，打个电话给你们。”

那晚，她没有睡，想着远在彼岸的父母，想着三个小时车程以外的男友，想着遇到的形形色色的人，想着迷茫的自己，她擦掉的眼泪，又源源不断地流出来了，却终于知道自己该怎么做了。

从那天以后，她再也没有坐火车去看过她的男友，她的男友也没有再来看过她。她仍然在那家中餐馆打了一段时间的工，偶尔遇到来吃饭的同校学生，她还会跟他们打个招呼，聊上几句。

后来，她考下了翻译资格证，就找到了一家小公司愿意聘用她做兼职文案翻译，开始工作后虽然挣得依旧不多，但她便不需要再去中餐馆打工了。临走的时候，那个缅甸妹子羡慕地看着她说：“我也好想读书啊。”

她依旧省着花每一分钱，却不再羡慕那些用父母的钱肆意挥霍的同学，她也再没有用自己的钱买车票不辞辛苦去看一个不值得自己付出的人。

毕业之后，她回了家乡，找了一份专业对口的工作。公司离家不远，她每天都可以下班回家陪父母做饭聊天。她说，贷款是小事情，她总有一天会还上。她会永远记得那些洗盘子刷马桶的日子，是怎样教会了自己去选择自己的人生。

选择结婚还是单身，最终都会后悔吗？

从外表上看，女人做事情犹犹豫豫的，但那只是在买东西或选择穿什么衣服的时候，在面临人生的重大决定时，她们比你想象的要大胆果断。当然，她们在做决定之前也会陷入深深的苦恼，但一旦决定了就不会再反悔。

——渡边淳一《何处是归程》

熙宁和文佳两个姑娘是从小玩到大的闺蜜，两人从手拉手上幼儿园到手拉手走进婚礼殿堂。哦，不要误会，是文佳的婚礼，熙宁是她的伴娘。

两人虽是多年至交好友，性格却迥然相异。熙宁大大咧咧天不怕地不怕，直爽率真敢爱敢恨，闯了祸就拍着胸脯说“一人做事一人当，谁说女子不如男”；文佳心细如发小家碧玉，见人就甜甜地笑，凡事主张退一步海阔天空，不愿与人起争执。这样的两个姑娘恰好互补地亲密了很多年，彼此见证了豆蔻年华青涩的初恋和青春岁月肆意的爱情，直到文佳走到婚姻的关口时，两个姑娘终于因为意见不合起了争执。

彼时，熙宁刚刚恢复单身，与相恋四年的男友分手。原因是男友家里挑剔熙宁在北京工作，希望她能够辞职回来，结婚生子，做个乖顺的家庭主妇。熙宁以事业刚起步为由，一口咬定绝不妥协，于是与男友闹掰，一拍两散。

文佳与男友的处境大同小异，文佳在家乡工作，男友婆家在南方的一个小城，他们希望她能够辞职嫁过去，这样，家境优越的婆家就可以在当地为他们买房置车，让他们结婚安家。

熙宁认为文佳不应该妥协，她们都才毕业没几年，刚刚工作稳定下来，不应该放弃可能远大的前程，义无反顾地去一个发展机会少的地方。何况一旦结婚生子，就很难再出来工作了。

文佳却不以为然。她们的工作圈子不一样，熙宁是在广告公司工作，北京机会多，发展多，自然不愿意回来，文佳却是小学老师，不存在地域发展限制，到哪里还不是一样找教职。熙宁告诫她，一次妥协说不定就意味着一辈子妥协，她却听不进去。

后来，文佳还是跟着男友去南方举行了婚礼，熙宁请了假，飞去给她当了伴娘。

文佳除了父母家人，就只有熙宁一个好友参加了她的婚礼。来来往往的婆家亲友讲着她们听不懂的方言，呼来唤去地安排婚礼的流程，只有熙宁一个人陪在她身边，仔细地帮她检查婚纱的扣绊，帮她小心地戴上耳环，捋好耳畔掉落的发丝。

文佳只能左顾右盼地拉着熙宁的手。

婚礼过半，敬酒的时候，婆家一众不知道哪里来的亲戚起哄让伴郎和伴娘喝酒。熙宁不想喝酒，看在文佳的面子上勉强喝了两杯。那个伴郎不知道是文佳丈夫的什么朋友，一直借着酒劲过来推搡熙宁，熙宁看着他一脸的猥琐，实在忍不住，用力把他推开，转身离去。

当然，这些熙宁都没有跟文佳说，只是婚礼之后文佳的丈夫不满地跟文佳抱怨："你那个伴娘朋友真没意思，连玩笑都开不起，酒也不喝，还真以为当伴娘是轻松差事了？"

那时，熙宁已经赶飞机回北京了，文佳有心为熙宁辩解几句，犹豫片刻，还是选择了沉默。

像熙宁当初告诫她的一样，文佳婚后没有再工作，她同意丈夫，如果一年之内有了小孩，就暂时不工作。但两年过去了，两人迟迟没有小孩，文佳想去工作，就试着去学校找教职，被婆婆发现了，大发雷霆，还把没有孩子的责任推在文佳身上。文佳的丈夫站在婆婆一边，警告她不许再有找工作的花花心思，去医院检查检查身体，看看为什么没有孩子才是正经事。

文佳想起熙宁当时的话，心有戚戚。

熙宁回到北京工作后，很快又找了新男友，本来相处得还不错，但是公司后来有一个升职机会，她全力争取了，上司却反而给了另一个比她大快十岁的女同事。熙宁完全不能理解，她一个单身年轻女性，各方面都比得过那个孩子都上小学了的同事，为什么没有给她升职？朋友对她说，那个女同事家庭稳定，孩子又大些了不需要长时间带，而熙宁说不定很快就要结婚生子，未来请假辞职跳槽的可能性太大，公司才不会冒这个风险。熙宁这样的单身年轻职员，就是用来出差跑腿干各种出力不讨好的活的。

熙宁愤愤不平之余，竟然有些后悔自己没有先结婚生子再出来打拼了。

两个人互相诉了苦，才发现对方的生活并不像自己想象的那样理想。文佳每天在家洗衣做饭等待丈夫回来，却又要忍受他对自己的抱怨和不理解，想倾诉却早已没有正常的工作交友圈。熙宁孤身一人在北京打拼，不仅要承受上司同事对自己何时结婚生子的虚伪关心，还要花费精力和并不知道有没有结婚缘分的男友好好相处。

那时，她们俩才渐渐懂得那句话的含义——“无论是选择结婚的还是选择单身的，最后都是要后悔的。”

可是，后悔归后悔，路是自己选的，咬着牙也要走下去。文佳试着跟丈夫和婆婆采取了折中的决策，靠亲戚和丈夫朋友的帮忙在家里开了小孩子的兴趣班，这样至少每周末给自己找了些事做。谁知兴趣班刚刚走上正轨，文佳却怀孕了。

就像是一切事情都在同她作对一样，她的兴趣班最终夭折，怀孕的日子里也是郁郁不乐。丈夫和婆婆都认为她只是孕期心情不好，生完宝宝就会好了。但是女儿出生之后，文佳的抑郁症愈发严重，加上婆婆每天在她面前唠叨她生的是女儿不是儿子，文佳一气之下，抱着刚满月的女儿回了娘家。

丈夫和婆婆并没有觉得他们哪里做错，他们怒气冲冲地打电话到文佳娘家，斥责她没有个做媳妇的态度，动不动就在家里发脾气，动不动就抱孩子回娘家，成何体统？文佳在父母家里每日以泪洗面，动辄摔碗掀桌，闹得父母家人一边替她委屈心疼，一边照顾着孩子，一边还要帮她挡回婆家的责骂。文佳丈夫扬言，绝不会来娘家接她回去，除非她自己想清楚了，抱着孩子回去认错，好好过日子。

熙宁那时恰好也回了父母家，她终于没有在之前的广告公司做下去，打算换一个工作，正处于空档期，被父母千求百劝地叫回家相亲。熙宁之前的男友又分手了，她已经不打算再找了，但架不住父母逼婚，只得硬着头皮一次次地去相亲。大多数的相亲对象都是交换个联系方式，吃一次饭，就再没了下文。作为亲戚圈里唯一一个至今未婚的大龄剩女，熙宁所有的亲戚朋友都在帮她介绍对象，熙宁看着父母在亲戚朋友面前抬不起头，像是女儿嫁不出去是他们的过错一样，心里也不是滋味。

看着对嗷嗷待哺的女儿毫不上心、日渐消沉的文佳，每日奔波于相亲之间的自己，再回想起她们年少时对美满爱情和幸福婚姻的种种畅想，熙宁觉得现实真是莫大的讽刺。明明自己曾经那么坚定地想要事业与爱情兼得，明明文佳曾经那么渴望早早嫁人相夫教子，如今却都与曾经想象中的未来渐行渐远了。

唯一让熙宁稍感欣慰的是，熙宁的父母后来听说了文佳的事，有些震动，也替文佳惋惜，加上熙宁的争执、开导，终于不再催债似的强逼着她结婚了。偶尔有亲戚再来问起，便说，女儿大了，她的事情让她自己决定吧。

熙宁后来常常去文佳家里，两个人像读书的时候一样，一边吃零食一边头碰头地聊上半天。熙宁帮着文佳照顾她可爱的女儿，心里却更加清楚，自己当下的心理、观念、生活态度都并不适合做妻子，也不适合做母亲。不过，人是会改变的，等到她真正想要改变自己的生活的时候，她也会心甘情愿地走入婚姻，但不是现在。

文佳一直在家里恢复了很久，定期去看了心理医生，对丈夫和婆婆的态度也没有以前那样激烈了，但并不代表她会回到那个只能妥协的婚姻里去。她需要认真公允地向婆家讨回她应有的权利，不会再一味退让。

或许熙宁的事业与爱情不会一直顺利，或许她也会偶尔发些小牢骚抱怨自己单身的种种弊端，但她还是会无所畏惧地努力奋斗下去，直到成为心目中最美好的自己，或是遇到心目中最对的那个人。或许文佳的婚姻也不会一直安稳幸福下去，或许她依旧在试图寻找家庭与自我之间那个微妙的平衡点，但她还是会尽其所能地做出对自己和家庭都好的选择，变得更加理智和现实的她也不再会对婚姻的经营依旧存有少女时期的无边幻想。

在婚姻的围城中，城里的人想出去，城外的人想进来，但大部分人并不能清楚地知道他们到底想从这个围城中得到什么。有的人只求一个稳固不变的家，有的人只求按部就班的生活，有的人求精神上的灵魂伴侣，有的人求爱情名利双丰收。人来人往的围城中，各取所需、互惠互补的同路人，或许才能够得到各自想要的未来。

又恋爱了，这感觉真好

我的规劝是两句话：一，如果你很想结婚，那就不一定非要等到爱情不可，跟一个仅仅是肉体的朋友或者仅仅是精神上的朋友结婚也无不可；二，如果你并不是很想结婚，而且一定要等待爱情，那你内心要足够强大，要做好终生独身的准备，因为爱情发生的几率并不太高。

——李银河《朋友与爱情》

没有人猜得到心玮的年纪，这是她最开心也最值得骄傲的一件事情之一。

她走在大学校园里，穿着印着学校名字的文化衫，黑色的长头发在脑后随意地高高扎起，背着双肩包，手上抱着几本书，常常有学生或是路人叫住她问：“同学，×× 楼怎么走？”路上做社团宣传的大学生更是忙不迭地拦住她，往她手里塞上几张传单，热情洋溢地说：“同学，我们社团在招新，感兴趣的话一定要来啊！”她就一边接过他们手里的传单，一边点着头心里暗笑。

心玮今年三十三岁了，她是这所大学的讲师，博士后出站不到两年。在这所她喜欢的大学里一连待了十几年，岁月却几乎没有在她的身上留下任何痕迹。潜心做学术研究的她，少了八面玲珑趋炎附势的烟火味，多了淡定从容宠辱不惊雅俗共赏的大气范儿。在课上，她是妙语连珠旁征博引的学究；课下，她是和学生们神侃动漫美剧综艺淘宝的话痨。连着两年被评为学生最受欢迎的老师，她是女生眼中最想成为的女人，也是男生眼中逆生长的女神。

女神心玮却仍然保持着单身，每天充满活力没大没小地和学生们打成一片，偶尔打扮起来化个淡妆穿条漂亮的裙子，就会有坐在第一排的可爱女生趴在讲台边上问："老师你下课是不是要去约会呀？"

心玮就笑着说是，然后看着问话的女生反而脸红红地不好意思。

心玮有着自己的恋爱心经，也正是她豁达率真的态度让她的心态比外表还要年轻有活力。

十八岁刚读大学的时候，她在同乡联谊会上认识了一个隔壁大学的男生，两个人志趣相投，很快由朋友发展成恋人，如胶似漆。大学生活里的恋爱还不曾有来自社会、家庭和其他方面的阻力，单纯的好感和互相喜欢就是两个人保持亲密的动力。既养眼又般配的他们是同学眼中的模范情侣，共同的爱好让他们彼此永远有说不完的话题。

四年的校园恋爱让两人从你侬我侬的甜蜜期过渡到了细水长流的保鲜期，但他们仍然未能走过大部分校园爱情都在劫难逃的毕业关卡。

男生选择了出国深造，心玮留在学校读研，两人没有选择漂洋过海的异国恋，而是和平地分了手，好聚好散，还表示以后有缘再聚。

周围的同学一致咋舌，认为这两人对待爱情的态度都豪爽甚至冷漠得不可理喻，毕竟四年的感情，竟然说散就散了。更有不怀好意的人在背后嚼舌头，说他们两个一定都花心得很，早早分了手，这样以后各自找下家才不会被人说闲话。

心玮读研的三年反倒一改大学时爱玩爱闹的习性，潜心学习，学了两门外语，考了本校的博士，还自学考下了心理咨询师资格证和教师资格证。用她自己的话来说，谈恋爱的时候就要专心谈，不要想着学习；学习的时候就要专心学习，不要想着谈恋爱。

后来，心玮就留在本系继续读博士，而心玮的前男友也从国外回来工作了。让人大跌眼镜的是，他在国外的几年也是单身，两人都不曾有过新的恋情，于是，本来就并不是因为矛盾分手的两人又走到了一起。读博的前两年，心玮没有那么忙，便时常和他约会，和刚上大学的时候一样了。

心玮和男友的恋爱观难得相似，都是坦率直白得很，喜欢就是喜欢，无论时间多久距离多远都是喜欢；但一旦不喜欢了，无论其他条件多合适，却也是不喜欢了。男友回国两年之后，与心玮坦白自己喜欢上了别人，两人再次和平分手。

和其他姑娘不同的是，心玮从来就不认为和男友的感情是自己应得的，是他欠自己的；同样，当他不喜欢自己的时候，她也并不觉得需要挽留。该是自己的，走了三年他还是回来了；不该是自己的，就算以后拴在自己身边不让他走，也是没有用的。

读博士第四年的时候，心玮被学校公派，去墨尔本交流访问了一年。那一年里，她认识了同校一个学中文的白人小伙子，比她小五岁，青春洋溢，活泼开朗，浑身上下仿佛有用不完的能量。他三番两次地跑来请她帮他改作业、教他说中文，明眼人都看得出他对她有着一些好感。心玮也很喜欢他，欣赏他身上的率性浪漫。在墨尔本访学的一年里，他事无巨细地帮助她，带着她四处周游，还请她去自己家的农场作客，让心玮留下了无数的快乐回忆。

但同样，在心玮要回国的时候，她也同他和平地分手了。

谁说谈个恋爱就要天长地久的？谁说不是同路人就不可以谈恋爱的？心玮的原则是，找同路人谈恋爱，或是与恋人大大方方地告别，然后独自上路。不管选择哪一种，都要为自己的选择负责。分手还是同路，都不必痛哭流涕、黯然悲伤，更不必畏首畏尾、犹豫后悔。

心玮的周围有很多年纪比她小得多却已自称“老姑娘”的女生，每天愁眉苦脸地抱怨着自己的父母又逼着自己去相亲，或是自己的男朋友还是不打算跟自己结婚。每次她们问心玮：为什么就没有人逼你的婚呢？心玮都淡定又有气场地回答她们：自己活够份的时候，没有人敢来逼你做任何事情。

坐在第一排的小女生说："老师你今天穿的裙子真好看，老师你这个唇膏是什么牌子的？"

心玮就说："你们花着家长的钱，不要讲究牌子，适合自己的才是最好的，'年轻牌'怎么用都好看。"

小女生就脸红红地点头，又说："老师你剪了头发，更显年轻啦。"

心玮暗自偷笑。她为赴晚上的约会，昨天去换了新发型，发型师一边给她剪一边问："你是附近大学的吧？大几啦？"她就说："你看不出来嘛？我都大四了。"发型师笑着说："看不出来，你长得显小。"

心玮永远期待着她的下一次恋爱，也永远会用像第一次恋爱一样真诚的热情去对待新遇到的人，她相信，每一段感情都是生活给她的馈赠，只有欣然接受，心才永远不会老。

姑娘，请继续高冷下去吧

以前想要的，现在全都不想要了。

要是三年前你问我想成为怎么样的人，

我一定不假思索地说，

我想成为与所有人都能打成一片的人。

要是你今天再问我同一个问题，

我肯定说，我还是维持现在清高冷傲的现状就好了。

这样没有人来打扰我，省掉了许多麻烦。

唯一需要克服的，就是得耐得住寂寞。

——岩井俊二《关于莉莉周的一切》

三年前第一次认识安娜姑娘的时候，我觉得她高冷极了。

社团联谊会上那么多人，男男女女文科理科汇聚一堂，七嘴八舌谈天说地，好不痛快。只有她一个人坐在长桌远远的角落，低头凝神看着手中被塞满的各类传单和说明，黑色不加任何修饰的长发垂肩而落，一件白色男式衬衫让她在一众花枝招展的姑娘中既出挑，又冷漠得有些不合时宜。

安娜姑娘在一众男同胞心目中是女神一般的存在，本科在英国帝国理工大学读了建筑，硕士又来了著名的美国加州伯克利大学，镶着金边的学历加实习经历让她的人生看起来顺风顺水无懈可击。

这样优越又高冷的安娜也让想追她的男生多多少少地缺了点热情，总觉得女神表现得这么冷淡一定会拒人于千里之外，一不小心自己的热脸就会贴上女神的冷屁股，还不如转而求其次，去追个到手几率高些的平凡妹子。

高冷的安娜姑娘便一直高冷地单身下来了，甚至很少有人问过安娜姑娘有没有过男朋友，似乎大家都默认她是个桃花绝缘体，空长了一张出挑的脸和过人的智商，实则淡漠红尘不解风情。

智商过人的人，其实情商也不会差到哪里去。安娜姑娘和一众平凡妹子同样是从情窦初开的季节过来的，自然也不会忘记当年春心萌动的感觉。

不是每个高冷的姑娘都是天生的，安娜读书的时候也曾天真烂漫，是良好家教教出来的女孩，谦逊得体却又偶尔有着与自己的矜持不相称的妄自菲薄。高中隔壁班的男生在高考之后跟她表白，说默默地喜欢了她三年。安娜被他的真情所打动，即使一个在上海，一个在英国，也艰难又坚持地维持了三年的异国恋。

男生家境一般，每逢暑假，安娜必自己刷卡订机票飞回国，三年里有两年他 12 月过生日时安娜也趁圣诞假期匆忙回国陪伴。

不在身边的时候，安娜每逢节日必在网上订购暖心礼物送到他的宿舍。

即使每年自己的生日圣诞节情人节都是独自过的，安娜也毫不介意，从未吝啬自己在感情中劳心劳力的付出。每次假期回上海，他还没有放暑假，安娜都只能花钱在他的学校附近住便宜的旅馆，一边赶着学期里没忙完的作业或是兼职打工做的项目，一边等他上课回来。为了多些时间陪他，她甚至有两年暑假回国两个月都没有告诉自己的父母。

在英国留学并不都像想象中的那样高大上，安娜的学费是家里出的，她不愿意再多花父母的钱，只能一点一点省，一点一点赚，却仍想着省下一分、赚下一分，能给远在彼岸的他多添一点什么。在爱情里，她也是个放低了身段只为博得意中人一笑的姑娘，那时的她，觉得这就是合理维系爱情的最好方式。

本科毕业，她申请到了加州伯克利大学，本来是多值得骄傲的事情，男生却大发雷霆。他说他忍够了，放她三年在英国已经是极限了，不能再放任她去美国继续读书，只能回上海工作结婚。

毕业的那个暑假，安娜连自己的毕业典礼都没有参加就飞回上海陪他。他暑假在上海一家小公司实习，拿着只有几百块的补贴，和几个人合租了一间狭小的公寓房。安娜和他在房间里大声争吵，他一气之下撕碎了安娜的伯克利录取通知书。

录取通知书碎了没关系，没了纸质版还有电子版的。但安娜渐渐地觉得他们的感情再也拼凑、修补不回来了，自己再放低身段，他也无法明白追求学业和事业对她的意义；两个人再相爱，差别越来越大的价值观也无法让两个人在以后的路上并肩而行。

争吵之后，他甩门而去，安娜一个人坐在他脏乱的房间里，看着其他房间进进出出的陌生男女，突然意识到这不是她想要的感情。

安娜说，他们分手的那个夏天，她住在他那里，看着隔壁一个常住的穿着暴露的女人每天晚上领回不同的男人，公共浴室里所有的牙刷都东倒西歪地插在不同的地方，地板上永远留着不知何年何月的脚印，垃圾桶永远是堆满的，门锁生着锈。

她看着面前一切，突然就意识到，他们二人的生活轨迹早已渐行渐远了，这不是她想要的生活，更不是他们强撑着不分手的话两个人都可以和谐共处的生活。

安娜默默地收拾行李离开了，走到楼下的时候，她见到隔壁的女人正穿着睡衣趿着拖鞋在门口的小摊上买臭豆腐。

她说："那时，我手里攥着被他撕碎的伯克利录取通知书，鼻子里闻着臭豆腐的味道，突然觉得我三年来的感情是一场荒诞的闹剧。"

没了感情牵绊的安娜去了北京一家公司实习，实习期间遇到了向她表白的另一个男生。男生情真意切，但安娜却不再是当年那个容易被打动的安娜。她说："我们不合适。"然后理智地拒绝了男生。

来美国的两年，安娜专心奋斗在自己的学业上，外在的高冷范儿也的确吓退了本来动心思想要追她的一些男生。她如今在湾区的一家公司工作，在同事中也颇得人缘。不过，同事归同事，朋友归朋友，遇到表白的追求者，她仍然是秉承着高冷的态度，不卑不亢。

但她心里如今清楚得很，所谓的高冷吓退的必然是广撒网钓妹子的凡夫俗子，她只是在等待那个真正能够与她并肩而行的同路人。

我真想看到你最疯狂最敢爱的样子

我的问题是，我知道自己很笨，但没有人相信我笨。

我的笨不是脑子不够用不好使，而是在竖着容易和艰难两个路牌的十字路口，我永远选择艰难的那一边。

从小到大，数不胜数的每一次选择中，我一而再再而三地这么干，一路这样沿着艰难的路牌走了过来。

——廖一梅《像我这样笨拙地生活》

我仍然记得大学时那些早早熄灯的宿舍夜晚。

在每个拥挤的房间都归于黑暗的时候，只有走廊每隔几步一盏的壁灯散发着昏黄的光，照着我们晾在走廊顶部的晾衣杆上层层叠叠的衣服，显得鬼影憧憧，甚是可怖。

那时，我们的公共洗手间在走廊尽头，晚上胆小的女生根本不敢自己去上厕所，只能偷偷叫醒下铺的室友陪她一起去，两个女生披着外衣瑟瑟缩缩地穿过透着冷风的走廊，映在墙壁上的影子风一吹，摇摇晃晃，成为大学时代最不愿意想起的回忆。

而我的回忆里，有那么一个女生，每当我不情愿地穿过走廊去洗手间的时候，都会看到她。

她个子很小，皮肤很黄，也不打扮，常常只是穿着简朴的睡衣。有时，她搬一个小板凳，坐在她们宿舍的门口，拖着长长的电话线把电话抱在膝盖上，低声地讲着电话；有时，她一个人端着盆在水房，闷声不响地洗着衣服；有时，她拿着本不知道什么书，借着走廊尽头昏暗的灯光，斜着身体靠在墙上看着，嘴里还在低声地念着什么。

那时，我并不认识她，只知道她们那个宿舍是历史系的，更觉得她是个深更半夜不睡觉的怪人。在走廊里遇到几次之后，我连自己去洗手间都不愿意了，只好叫室友一起去。每次见到她之后回到宿舍，我们都会在漆黑的夜晚里七嘴八舌地小声议论一番。这个室友说她肯定是个默默无闻的隐藏学霸，那个室友说她可能只是有洗衣服强迫症什么的。那个历史系的奇怪女生，于是只存在于我们深夜卧谈的种种猜想里，真实性却从来得不到印证。

我却没想到，四年以后大学毕业时，我终于得到了一个认识她的机会。

那是毕业季的最后一天，也是我离开大学的那天。我是我们宿舍最后一个走的人，在我之前，我的室友们已经陆陆续续地打包好了行李，买了回家的车票，把钥匙交给舍管阿姨，然后各自离开了。由于我仍留在本市，不需要买车票离开，就留到了最后。我在宿舍里打包行李的时候，整个房间一片狼藉，我们剩下来不要的东西乱七八糟地堆满了床和地面，连个下脚的地方都没有。

不光是我们的房间如此，整层楼的宿舍住的都是我们这一届的毕业生，每个房间的门都敞开着，放眼望去，其他房间比我们的房间还乱，走廊里更是扔着从各个房间里丢出来的杂物，一片混乱。

我拖着行李箱艰难地走出房间，来到走廊，就看到走廊遍地的杂物中间，有一个小小的身影，正在东翻西翻地找着什么。

正是那个每晚都在走廊里的历史系女生。她低着头，专心地查看着满地的凌乱，没有理会我。

我路过她，忍不住就问了句："你丢东西了吗？走廊里这么乱，可不好找呢。"

她抬起头，看了看我，没有我想象中的古怪冷漠，反而笑了笑，说："没有，我在看看还有没有能用的东西。大家走得急，很多好好的东西就这么扔了，怪可惜的。"

后来，我就没有着急走，反而搬了个小板凳，坐在走廊的杂物中间，一边看着她翻拣别人不要的耳机线、圆珠笔、护手霜、镜子、衣架，甚至单词书、收纳箱、暖水壶、电饭锅，一边跟她有一句没一句地聊着。四年以来每次深夜在走廊见到的她，和眼前温和微笑平易近人的她，逐渐重合在一起。

历史系每年只有两个助学金的名额，她四年来每次都会考第一，然后用助学金来支付自己的学费。来自农村的她，直到毕业都没有手机和电脑。为了省钱，她暑假住在学校不回家，只有寒假过年的时候，才会买张几十个小时的硬座车票回家。那些深夜坐在宿舍门外打出去的电话，是她唯一奢侈的花销。

那些电话她是打给远在老家的男友的。男友在县城打工，和工友合住大宿舍，十几个人只有一台电话，他也只能趁深夜大家都不用电话的时候，把电话抱到门外，坐在那里，等待远在千里之外的她打过来，然后两个人就在寂静的夜里，絮絮地说上很久。

她和大学室友相处得并不融洽。她们有些嫌弃她是小地方来的女生，嫌弃她不舍得去洗衣房，而是自己在水房手洗厚重的床单和外套，嫌弃她从来不参加她们的集体活动，总是一个人晚上在走廊看书。她并不聪明，在人才济济的大学里，她只能靠比别人多无数倍的功夫去争取没有人稀罕去争的助学金。

我问她："那你毕业之后要回家么？和你的男友在一起么？"

她摇头，说男友迫于家里的压力，已经做了县城里一个家境不错的女孩的"倒插门"女婿；她自己的父母更是指望她能嫁个至少比她们家境好的人家，盼着她跟男友分手盼了好几年了。

她故作轻松地说："有时看着学校里面那些女生跟男友撒个娇，说'你去给我买冰淇淋嘛''你背着我走嘛''我鞋带散了你给我系一下嘛'，我就也会很羡慕呢，觉得真是甜蜜啊。但是那样的恋爱，好像离自己好远啊。"

她说，男友告诉她定亲的那年夏天，她难得地花钱买了车票，在暑假的时候回了家。潮湿闷热的夏天里，她坐在咣唧咣唧的绿皮火车上，在方便面火腿肠和汗味的中间，觉得自己特别疯狂，像电影里演的千里寻夫的奇女子一样。

这是她为爱情做过的最勇敢的一件事。

换来的结局不过是她到了县城，男友正好请了假，跟人家回娘家商量婚礼去了。

她连他的人影都没有见到，只好又坐了几个小时的长途汽车回了自己家。进了家门，被父母劈头盖脸地一顿骂，说她没事费钱跑回家来干什么。

她说，她心里倒是也没有特别的委屈，只是觉得自己也算为这段感情付出过了，算了就算了吧。

现在，她终于毕业了，她明天就要回家去，在家乡唯一的一所正规小学做一名教师。她说，她是她们村学历最高的，而且是名牌大学，她的乡亲们都没见过活的名牌大学毕业生呢。

她咧开嘴，笑得很开心，说："我其实学得很辛苦的，大学里聪明的同学太多了，我再用功，都不如他们考试前背一背书考得好。但是没关系，回到家乡，我就是最聪明的啦。"

在我们说话的工夫，她已经手脚麻利地拾掇出了两个巨大的编织袋，里面装满了她从走廊的杂物堆里淘出来的各类物品。

我不知道她这个瘦小的女孩，是怎么把那两个巨大的编织袋抬上火车，然后坐几十个小时的火车回家的。

我想，那也不过是她做过的勇敢的事情之一吧。

后来，我们毕业了，散落在各地，我根本就不知道她的名字，也再没有听过她的消息。

后来，我遇到过很多很多女孩，她们有的和她一样出身贫穷，却有着比天高的心；有的家境普通，却靠着自己的打拼，事业爱情都不输人；有的是你我都无法想象的富二代，含着金汤匙却偏偏要拼才华拼智商。她们有着千奇百怪的成长故事、截然不同的三观，和她们自己都完全无法预知的将来。

可她们在我心里是美丽得无与伦比的，因为我见过她们最疯狂最敢爱的样子。无论是打长途电话发手机短信进行语音视频，还是坐绿皮火车硬卧软卧头等舱经济舱，在追爱的路上，我希望她们能掏着心窝子，不服输不后悔地，磕磕绊绊却坚定地走下去。

当我为了你背叛全世界的时候，你在哪里?

别为了那些不属于你的观众，去演绎不擅长的人生。

——张德芬《遇见未知的自己》

谁在一开始遇到爱情的时候，没幻想过天长地久呢?

小优和林哥都是我的好朋友。也正因为如此，他们两个我谁都不忍心埋怨。

小优是我大学毕业实习那年认识的，那时，她还是一副学生样，圆圆脸齐刘海戴眼镜帆布鞋，背着大书包，每天中午和我们一起出去吃单位门口五块钱一碗的牛肉面或是凉皮。她性格很好，和我们都很聊得来。直到实习结束，我们才知道她家里其实特别有钱，父亲是南方某地数一数二的房地产公司大老板。不过她低调得很，名牌大学优异成绩毕业，实习时也很是虚心向前辈学习，吃苦耐劳，从来不娇气。

后来熟了，我们常常开玩笑说她作为一名货真价实的白富美，何必要跟我们一起当北漂，拿实习那点微薄工资，受上司的气，干跑腿的活？让她老爸随便给她安排个工作不都比这强？

小优就好脾气地笑笑，不说话。

再后来，我们就熟悉了经常来接她下班的林哥。

北京的大学生圈子其实不大，林哥是我一个大学同学的高中学长，头脑很活络，家里是普通的工薪阶层，毕业之后却也凭着自己的努力在北京找到了工作。虽然没户口没车没房，但却有一颗热血沸腾爱着小优的心。

小优是个善良又死心眼的姑娘。从和林哥谈恋爱的那一天起，她就把她从小被宠出来的公主心妥妥帖帖地收了起来，从此成了林哥身边陪他风雨无阻闯天下的忠诚伴侣。

是小优先喜欢林哥的，据说当林哥知道是自己心目中的女神先喜欢上自己的之后，受宠若惊地忐忑了许久，才信誓旦旦地成了小优的男朋友。他知道小优是优越家庭宠出来的小公主，但他仍很乐意地省下每天的早餐钱，每周末去打零工，甚至在网吧里帮别人打游戏升级，赚些钱来陪小优约会。

林哥也不是没有自知之明的人，他知道以自己白手起家的奋斗，或许给不了小优一个华丽的幸福未来，所以他也在跃跃欲试地努力。毕业之后，他找了一份固定工作，还经常和朋友策划着创业。那时小优还有一年才毕业，她住在学校，得知林哥为了工作和创业，连续很多天根本没有时间吃饭和睡觉，急得课也不想上了，就跑到林哥的出租屋去给他做饭，催他休息。

和我们一起实习的那段时间，小优刚刚毕业。她对家里说，要一个人在北京打拼一段时间，磨练一下自己。她的父母希望她直接回到家乡，到自己家的企业里做事，既安稳又有发展前途，想着她说要磨练也不过是试试而已，等到玩累了，受了委屈，工作不顺心，自然也就乖乖地回家去了。

不愧是捧在手心怕掉了、含在嘴里怕化了的千金，小优的爸爸生怕女儿住得不舒坦，给她在北京租了高档公寓，每月租金要一万多元。小优每月领着跟我们一样的三千块钱实习工资，还不及她爸每月给她的零花钱的零头。

那些钱，她偷偷地全都给了林哥。

我不知道，林哥在创业失意的时候，住在小优的高档公寓里，用着她的钱的时候，心里会是怎样的滋味。我只记得小优曾经说过，她不怕他一无所有，只要他还愿意为他们的将来打拼，她就相信他将来一定会带给她幸福。

但小优从未和林哥说的是，她从一开始和父母提到林哥的事，得到的就是父母毫无商量的反对。父母不反对她在外面“体验生活”，但闹够了之后，是要收心回家的。在父母给她安排的生活里，根本没有林哥这样不和谐的角色存在。

小优怕林哥知道了往心里去，在他面前一直说是家里人不太管她的感情问题，只要找一个她喜欢并对她好的人，她父母就会同意。

林哥有时累了一天，心情很差地回到家的时候，也会和小优抱怨，说：“这样下去，什么时候才能攒够娶你的钱呢？”

小优就一边把切好的水果喂给他，一边说：“不管你拿多少钱来娶我，我都嫁。”

后来，我们相继离开了实习单位，我出国好几年，没有再联系小优，却偶尔会从大学同学那里，零零碎碎地听到有关林哥的消息。

同学说，他和朋友一起开公司被骗了，钱全部打了水漂。为了打官司，他东奔西走，后来也丢了那份本来稳定的工作。

我不知道他们两个后来相处得怎样了，直到我回国之后，在一次同学聚会上见到了小优。

那时的小优和我印象里那个背着书包的学生早已判若两人。她剪短了头发，染成利落的酒红色，比从前瘦了很多，妆容精致，脸上再也没有一丝婴儿肥。

她在一家知名国际公司做产品经理，忙的时候，每天加班到晚上十一点多，回到家仍然会完成每天的读书和健身计划，才会休息，第二天八点钟依旧正常到公司。

她没有回家乡去父母安排的企业里做闲职，甚至也没有再住在月租过万的公寓里，而是在公司附近租了一个简单的单间。

还未等我问起，她便开口说，她和林哥已经分手很久了。

“听说我跟他分手，他的朋友当时都在骂我。”小优说，“说我是没有办法与他共患难、落井下石、没良心的女人。”

那么，林哥患难的时候，小优做了什么呢？

她偷偷地退了房子，和林哥一起挤在廉租房里，把她父母汇来的钱和自己的工资全交给林哥，还四处找懂行的朋友帮林哥打官司。后来，林哥的钱终究还是没要回来，而小优远在家乡的父母终于发觉她一直背着他们和林哥住在一起，大发雷霆，飞到北京来，扬言要对林哥好好教训一顿，让他离自己的女儿远点儿。

小优瞒着林哥去见了父母，泪流满面地求他们给自己一个机会，不要逼自己放弃林哥。父母对她失望透顶，大吵一架之后，他们还是回了家乡，但是告诉小优，从此再也不会给她一分钱，看她什么时候过不下去了，再回家求他们原谅。

没有了接济，两个人过得愈发艰难。林哥丢了工作之后，一蹶不振，每天跟着朋友出去喝酒，回到家就抽烟，狭窄的廉租房里开始充斥着两个人的争吵。

那么，林哥患难的时候，他自己又做了什么呢？

以前，林哥是和家里讲过小优的事情的，他的父母以前都很喜欢小优，觉得她虽然养尊处优，但是聪明懂事，是个有担当的好孩子。他们不知道小优一直在帮林哥填补亏空，只知道他们的儿子创业艰难，小优又在那样关键的时刻提出了分手。他们打电话来无情地谩骂小优，说她是坐吃山空的富二代，趋炎附势，嫌弃他们家里穷，给不了她花钱如流水的生活。林哥就任由自己的父母用极难听的话谩骂自己的女朋友，一声不吭。

我也不理解为什么小优会那个时候提出分手，毕竟从一开始两个人就了解彼此，如果要分手，也不会艰难与共地度过了那么多年了。

小优说，来自双方家里的压力和争执，都比不上她对林哥本人的失望。

“他没钱，我知道，也不介意。”小优说，“我介意的，是他那么多年以来，一直以一种卑微又难堪的姿态，来维系我们的感情。”

“到后来，我根本感觉不出来他爱我，感觉到的只是他拿着我的钱而不得不放弃尊严跟我在一起的那种低声下气的心。”小优说。

“我从来没有任何一个时刻嘲笑或贬低过他。家庭是我们无法选择的，但爱人是我们彼此自愿选择的，不是吗？既然选择了彼此，我们在生活里就是平等的，不是吗？这种平等，不是说谁挣的工资比谁多，谁家里给的钱比谁多。我既然愿意并且能够在金钱上支持你，就自然不会用这种给予来衡量我们彼此付出感情的厚薄；你既然愿意和我在一起，就自然不需要因为用了我的钱而像欠了我的债一样，连你对我的爱最后都变了质。”

小优这样说着，我无法反驳。虽然对林哥作为一个男子汉却靠小优的钱生活的做法我是颇有微词的，但我曾经以为他们两个至少彼此之间是坦诚相对、不卑不亢的，既然小优愿意就没有问题。如今看来，从最开始，林哥就没有把自己的感情放在一个两边持平的天平上。他一直觉得自卑，对小优的爱，也渐渐地变成了不敢再亏欠的维系。

记得以前看到过一句话——“我不怕你穷，我只怕你穷还理直气壮。”林哥虽然不理直气壮，却卑微得令人可怜。在爱情里，他早已无法和一直支持他不离不弃的小优，站在对等的立场上了。

小优和家里闹翻的那两年里，她最爱的外婆去世，妈妈由于生病进医院手术，她都忍住了，没有回去看望。那些林哥醉醺醺地回来之后躲在房间里一根接一根抽烟的晚上，小优一个人蜷在角落，默默饮泣，想家想得发疯，拿着手机却不敢给家里打一个电话。

“什么叫众叛亲离，我那时算是明白了。以前的我年轻，觉得为了爱情，什么都值。后来看着那个让我放弃一切的人，我突然困惑了，真的值吗？如果我的家人真的从此和我不再相见，我的下半辈子会好过吗？”

小优平淡地说。

不了解状况的朋友们，得知他们两个分手了，想当然地觉得是白富美小优嫌弃林哥没钱没势，不愿意跟着他过苦日子，就甩了他。

小优跟着林哥过的苦日子还少吗？她可以陪着他穷一年、两年、三年，她可以陪着他穷一辈子吗？在他早已不知自己是爱她还是怕亏欠她的前提下。

不用说富二代小优，换作一个普通家庭出来的女孩子，也是做不到的。

和林哥分手之后，小优先回了一次家。她向父母道了歉，但她郑重地说：“你们的反对，当初并没有阻挠我和他在一起；现在我放弃和他在一起，自然也不是因为你们的反对。道歉，是因为我自己没有能力，才会拿家里的钱去接济别人。以后，我还是会用自己的方式去选择我爱的人，也会为我自己的生活负责。”

她后来又回了北京，一直独自打拼，直到做到了现在的位置。

听同学说，林哥没有了小优之后，挨个向朋友们借钱，直到朋友们都故意不接他的电话。后来，他在北京混不下去，就回了老家。再后来的事，我们就不知道了。

说起以前的事情，小优说，她并不后悔。

她说，在爱情里，她自觉自己还算尽心，也因此，她仍希望找到一个互相尽心以对的人，让所有的付出都看得到回报，所有的感情都能得出答案，所有的喜怒哀乐，都有人心甘情愿地一起分担。

Chapter 6
生活不会辜负内心坚强的妞

你要做女王，而不是灰姑娘
花开并蒂：我们从来就不是彼此的影子
告别单身，太舍不得
哭什么！一觉起来明天还是一条女汉子
我终于到达，但不再悲伤
Tough times do not last; tough people do
给未来的自己：我努力，是因为看好你

你要做女王，而不是灰姑娘

每次转变，总会迎来很多不解的目光，有时甚至是横眉冷对千夫指。但对顺境逆境都心存感恩，使自己用一颗柔软的心包容世界，柔软的心最有力量。

——林清玄

筱年的生活，在我们看来，已经是很不错了，虽称不上人中龙凤那样的完美，但还是值得很多人钦佩羡慕的。

筱年不那么漂亮，但自知平凡，也会用心收拾保养自己，看起来倒是独有一份气质。虽然家里出钱送她来美国留学，但她不是富二代，也不嫉妒别人，吃穿用度量力而行，自己也过得有滋有味。

筱年不那么聪明，但还算用功，也不会投机取巧，觉得一分努力一分收获，会和朋友一起羡慕膜拜学霸大神，也会在熬夜备考却依然不理想的成绩面前心情失落好几天。

在我们眼中，筱年一直是个足够乐观、足够上进，也懂得知足的姑娘。但是有一段时间，我们不约而同地发现筱年有些变了。

以前的她是个很有生活情趣的姑娘，平常聊天的时候也时时会表现出对各种新鲜事物的好奇，很少有无聊的抱怨。但那段时间，听说谁新学了什么东西，或是最近流行了什么音乐和电影，她不再有从前那么大的兴趣，而是一边低头看手机一边说："最近都没关注了，那些没什么意思。"

有人问她："听说你前阵子在学古筝，学得怎么样了？"

筱年说："不学了，有什么意思呀，跑到美国来还是学中国的玩意。"

便有人说："那可以学美国人的玩意呀，我一个同学最近报了学校社团的竖琴课，可有意思了。"

筱年说："哦，是吗，那东西又不好学又不好表演，还是算了吧。"

大家聊起毕业后的打算，有人想继续深造，有人想留在美国找工作，也有人想回国发展。问到筱年，她就摇摇头说："我没有什么打算，什么都不想做。"

有一个学期，我在学校一个文化中心报了一门英文书法课，每周花上两个小时，像绣花一样描那些只有电影海报上才会出现的花体字和圆体字，纯属好玩。我把自己描绘的作品拿给同学看，大家纷纷表示好奇，只有筱年说，花几个小时写这些根本用不上的字，好无聊啊。

有一次，我便问筱年："你最近是怎么了？"

我说："你以前不是这样的。"

现在的筱年不仅失去了生活里的爱好和兴趣，还总是会莫名地羡慕某个成绩比她好、家里比她有钱，或是其他方面比她强的同学，也会莫名地和别人比较来比较去，最后得出自己现在一无是处未来也将一事无成的结论。

后来，我终于知道，筱年的改变是因为她在异地的男友罗先生。罗先生大她三岁，在纽约工作，两个人通过朋友认识，在一起之后就一直异地，每年只有假期才会相处一两个月。

说来真是神奇，一个异地的男友，竟然可以把从前乐观开朗的筱年活生生地改造成了一个枯燥乏味、悲观厌世的人。

筱年说，罗先生国内家庭条件跟她差不多，都是普通的靠自己努力出国留学的孩子，他留在了纽约工作，和周围的白领一样，拿着高薪水，却也承受着高消费。

但和周围的人不一样的是，罗先生有一种本领。

他的本领就是羡慕别人。不管一个人和他有没有关系，是怎样的人，他都会在或多或少地接触这个人一段时间之后，找到他值得羡慕之处。

例如，他有个硕士同学，毕业之后去了哥伦比亚大学继续读博士。他就会跟筱年说，人家将来可是博士毕业，无论在美国还是回国都是能谋到高校教职的，这一辈子就衣食无忧了，多好。

又例如，他在国内读本科的时候有个室友，挂了好多科差点没毕业，结果家里花钱送他来美国，读了个普通大学的硕士，又读了个不错的MBA，现在回国创业，家里给了本钱，搞得风生水起，还得到了天使投资。他就会跟筱年说，你看看，什么都比不上家里有钱，读书有多少含金量？你读一辈子都挣不来人家家里给的一个零头。

对于筱年的生活，他也是一样的观点。筱年期末熬夜准备考试，他说，你花了那么多个晚上不睡觉，人家学霸看了两个小时就能得A+，你还努力什么呢？筱年想试着在美国找找工作，他说，你学文科，怎么可能找得到工作？就算找到了，能给你办工作签证吗？就算能，能等得来绿卡吗？还不是像我这样在这里熬了几年都熬不出头？再说了，我至少工资还不少，你的工资连房租都付不起，你怎么生存？

他就像是筱年生活里的一个定时警钟，在不断地敲打着她越来越少的好奇心和自信心，不断地告诉她一切的努力都是没用的，所有的人都是比你强值得你羡慕的，在这世界上活着根本就是没有什么意义的。

在他的影响下，筱年也渐渐地觉得周围的人都混得比她好，都让她嫉妒，对未来的打算更加成了海市蜃楼。在和罗先生在一起的那段时间里，罗先生从来没有给她买过任何节日或是生日礼物，筱年一旦提出，他就会阴阳怪气地说：“是啊，我是打拼事业的穷白领，没钱给你败家，你去找事业有成的大款，一步到位不好么？”

筱年觉得他这激将法用得也太不是味道了。

和他在一起的那段时间，筱年从一个简单快乐的姑娘活生生地变成了每天只会抱怨的怨妇，自己不再努力，盯着天花板咒骂为什么别人活得那么好，只有自己混得那么差，怎么没有霸道总裁来拯救她这个灰姑娘。

很久以后，她才意识到罗先生给自己的生活和性格带来了多少消极和负面的影响。她明明不是一个贪得无厌又想坐享其成的人，却莫名其妙地活在对别人的羡慕里，丢掉了自己原本的生活。

如果两个人在一起，只有负能量是无限增长的，这样的关系对彼此又有何益？筱年向罗先生提出了分手。

被分手的罗先生气急败坏，破天荒地买了机票从纽约飞到加州来找筱年。这可是很意外，以前从来都是筱年自掏腰包买机票去纽约陪他。

我们以为他是来挽回筱年的，筱年也以为是。我们甚至有点于心不忍，觉得罗先生也只是平时唠叨了一些，抱怨多了一些，作为一个男朋友，他似乎并没有什么本质上的毛病。筱年也确实有些任性，如果两个人能够有时间好好磨合，说不定筱年可以把罗先生悲观的性格改变一些。筱年问我们她是不是应该再给罗先生一个机会，我们说你自己决定。

结果，我们发现筱年和我们都想太多了。罗先生风风火火地来了加州之后，先是把筱年破口大骂了一顿，说她眼高手低，找着自己这样的男朋友还嫌不好，将来注定是嫁不出去的老女人。然后话锋一转，说："筱年，你上次朋友圈发的那个单身的女同学，介绍给我吧。"

筱年朋友圈是转发过一个闺蜜的征婚帖，白富美一枚，没想到罗先生碗里的吃不着了，这么快就惦记着锅里的了。

筱年火冒三丈，把罗先生骂了回去。罗先生走之前还在说："那咱俩都分手了，我这次的机票钱你应该给我出。"

筱年后来到底有没有给罗先生出机票钱，我们就不得而知了。只是他们分手之后，筱年又渐渐地跟我们一起参加各种好玩的活动了。毕业之前，她还真在加州找到了一份工作。公司说如果干得好，就给她申请工作签证。

罗先生诅咒的一切，都没有实现。筱年倒是并没有找到霸道总裁做男友，而是一直单身，却完全摆脱了灰姑娘的凄凄惨惨戚戚。她攒钱让国内的爸妈来加州旅行了一个多月，给自己换了辆不错的车，周末固定和好友去爬山、健身、攀岩、游泳，每天都活得精神百倍，也不再羡慕别人的生活。

因为她自己已经活成了别人所羡慕的样子。

那些羡慕别人生活的人，其实是最可怜的，他们不敢活出自己，又没法活成别人，只能永远在望着别人的同时对自己充满怨怼。

如果真的羡慕谁的生活，就去努力活成他。如果活不成，那就闭上嘴收起你的羡慕，好好地踏踏实实地做平凡的自己，总有一天你会发现，你的生活早已是别人所羡慕的生活。

花开并蒂：我们从来就不是彼此的影子

有些人炫耀美丽，因为想让全世界看见她们的外表；有些人掩盖美丽，因为想让全世界看见她们的内心。

——电影《牛仔裤的夏天》

顾倩是我的大学同学，在班里不怎么说话，是个平凡又沉默的女生。同班很久，很多同学都还不知道她的名字，也并没有人去注意她。

顾倩是校乐团的小提琴手，但我们从来没见过她表演，直到有一年校庆晚会，我们在校乐团的交响乐合奏中见到了穿着晚礼服妆容精致的顾倩，坐在首席小提琴手的位置意气风发、优雅美丽，实在是让我们吃了一惊。

后来在学校里碰到她，我忍不住跟她说：“你拉琴的时候真风光，特别自信，真是跟你平时的样子不一样呢。”

她有些不好意思地笑了，说：“我琴拉得不怎么好的，我有个姐姐，她可比我拉得好多了。”

有一年暑假，顾倩留在学校没回家，她的姐姐来北京看她，我们终于有幸见到了这个传说中的姐姐。

顾倩是双胞胎，她姐姐叫顾盼，父母给一对姐妹花以“巧笑倩兮，美目盼兮”取名，取得人如其名，两个姑娘长得一样的明眸善睐、笑靥如花。但明明两人长得一模一样，我们却仍然可以毫无难度地区分出顾倩和她的姐姐。因为平日里的顾倩，虽然长相可人，却沉默少言、神色寡淡，在人堆里从来一声不吭，很少有人能意识到她的存在；而顾倩的姐姐顾盼，说起话来伶牙俐齿，神色飞扬，表情丰富，在异性面前也是娇羞迷人，魅力无限。明明和顾倩长得一模一样，看起来却是活脱脱的两个人。

顾倩只有在台上拉琴的时候，才和她姐姐有几分相似。

后来，顾倩和我们讲，就像每一对双胞胎一样，两个人里总有一个从小受尽宠爱关注。她们俩小学同班，上课永远只有顾盼举手发言，开联欢会表演节目的时候也只有顾盼报名唱歌跳舞。认识她们的同学，永远叫她“顾盼的妹妹”而不是顾倩。两个人一起从小学开始拉小提琴，老师每次都表扬顾盼有天赋，而她辛辛苦苦地每天比顾盼多练两个小时，却仍然没有顾盼拉得好，也换不来一句老师的赞赏。

认识了顾盼之后，我们有时会和顾倩说：“从来不知道你自信起来是什么样子，见到你姐姐才知道。你完全有能力有信心可以像她那样骄傲又快乐地生活的。”

顾倩却总是淡淡地笑，摇摇头，说：“我习惯了。”

顾倩大学来北京，读了历史系，一个永远需要窝在图书馆里啃书的专业；顾盼去了上海，读播音主持，还没毕业就已经有很多工作机会来邀约，风光无比。两人一南一北，倒也相安无事，从此便可以各自向着自己的未来努力了。但凑巧的是，或许双胞胎姐妹还真的有某种意义上的心灵相通，两个人喜欢上了同一个男生。

那个男生本是他们的高中同学，大学跟顾倩一样来了北京，顾盼在放假回家的时候跟他熟悉起来，两个人就在一起了。那年我们在学校见到顾盼来看顾倩，就是因为她来北京看她的男朋友。

只是我们后来才知道，顾倩高中时就喜欢那个男生，喜欢了三年，也是因为那个男生才报了北京的大学。这些事情，顾盼并不知道，她甚至不知道顾倩也认识他。

顾倩知道那个男生一直都不喜欢自己，因此从未和他表白过，觉得这只是自己少年时期一段无果的单恋，让它烂在心里也就罢了。但当她知道顾盼和他在一起的时候，她才真正的伤心难过起来。即使是长得一样的双胞胎姐妹，他也不会喜欢她。是不是所有的人，在见到她和顾盼的时候，都只看得到走在阳光下灿烂耀眼的顾盼，而根本不知道在光芒背后的阴影里，还有一个和她一模一样的自己？

自始至终，顾倩都没有让他知道，那个和顾盼长得一模一样的女生，也喜欢过他很多年。

顾盼和顾倩不一样，她优越骄傲，任性跋扈，即使是在普通朋友面前也会摆出一副公主的姿态，更何况是她的男朋友。后来，他们分手了，顾倩装作不经意地问起顾盼，顾盼只是轻描淡写地说，他家里条件不够好，她需要一个可以给她铺上大好前程的男朋友。

后来，顾盼毕业了，来了北京发展，认识了很多媒体界的朋友，也换过很多男朋友。顾倩却再也没有问过她当年那个男生的消息。

二十几年来，她习惯了当她姐姐的影子，不仅连自己的爱不敢追，即使是姐姐不要的，她也没有勇气去触碰了。

顾倩也留在了北京工作，她现在的男友是她在工作时认识的。她做出版，他做软件；他不懂音乐，却喜欢在顾倩拉琴的时候坐在旁边安静地听；他不爱读书，却愿意陪着顾倩每周末去旧书市场津津有味地淘货；他不擅言辞，却在每次顾倩心情不好埋怨自己的时候，认真地对她说，不要这么自卑，你已经做得很好了。

她如今有了自己的生活，有了她爱的并且爱她的人，才逐渐从姐姐的影子里慢慢地走出来，也开始重新审视自己的人生。她不再在亲戚朋友叫她“顾盼的妹妹”的时候气恼自卑，而是坦然地告诉自己，她俩从来就不是彼此的影子。

想要活在光芒里，就从别人的影子下面走出来，努力让自己发光吧。

告别单身，太舍不得

我不怕我不够好而没人爱我，我也不用为了要别人爱就要改变自己，成为一个看似很好却一点也不像我的人。

——电影《我是女王》

苏玄说，一旦遇到她懒得惹却又穷追不舍的追求者的时候，她就会用出她那招杀手锏。

说是杀手锏，不过是一系列照片，2009 年的时候她去藏区支教拍的。照片里的她，黑瘦黑瘦，剃了个板寸，脸被高原的紫外线晒得红一块黑一块，穿着看不出颜色的衣服和鞋子，跟小朋友们坐在一起，笑得脸上看不见眼睛，只露出一排白牙闪着光。

不用说她的追求者，就算是我们这些朋友，当初看到她晒出这些照片的时候也是吓得够呛。面前的苏玄，身上不是爱马仕就是香奈儿，妆容成熟精致，发型干练得体，香水优雅不俗，是公司里年轻又能干的策划总监。过去不过短短几年，她去藏区支教，去东南亚做志愿者，去美国留学，回国之后做过传媒公司文案，做过杂志编辑，做过电视台纪录片编导，离她被猎头挖到现在这家广告公司也不到两年。

追她的人数不胜数。然后苏玄不紧不慢地亮出她的杀手锏，用她涂着素色指甲油的纤纤玉手点着照片上的自己，说：“我要辞职了，去藏区长期居住支教，你也辞职跟我走吧。”

然后，就没有然后了。

我们经常怪她，太不给追求者们留情面，人家毕竟也是冲着你的人格魅力来的，不吓唬他们会死啊。

苏玄却不以为然，坚持说这样才能够吓退大部分广撒网多捞鱼见到美女就试撩一下的泛泛之辈，并且，她也并不想告别单身，目前更是没有任何人值得她告别单身。

我认识的人中单身姑娘很多，乐于享受单身的也不少，但她是最舍不得谈恋爱的一个。用她的话来说，事情太多了，除了工作和休息之外，她还要健身、看书、学外语、看电影、练钢琴、写文章、出去玩，单身都忙不过来，怎么舍得浪费在谈恋爱上？

不过，苏玄也是谈过恋爱的。她那时恋爱的标准只有一个，就是“玩得来”。

我在美国认识她的时候，她和她当时的男朋友正在计划一次由东往西环游美国的自驾行，从纽约一路南行开到佛罗里达，再一路向西，穿过堪萨斯、科罗拉多、亚利桑那州，到加州圣地亚哥再北上，直至西雅图。两个人退了租的房子，把全部家当装在唯一的一辆破皮卡上，轰轰烈烈地出发了。

苏玄说，她和当时的男友在一起，纯粹是因为他们都爱玩爱冒险，什么新鲜的东西都想去尝试。攀岩、潜水、热气球、滑翔伞，两个人你争我夺地玩遍了整个美国。在亚利桑那州的时候，苏玄突发奇想说要去蹦极，男友说，去就去。结果两人全副武装站在山顶上，他先脚软了，想退缩，被苏玄一脚踹了下去，响彻山谷的惨叫声让苏玄笑得肚子都痛了。

这样能够玩到一起疯到一起的两个人，后来还是以分手而告终。

原因是苏玄觉得在美国由于签证身份问题不好换工作，而她又是干一行腻一行喜欢尝试不同挑战的人，国内的发展机会更多，于是和男友和平分手，独身回到国内。

不过，工作是越发展越好了，男友却是越来越难找了，再也没有人能跟她玩得到一起去，反而所有她遇到的人都在劝她说，差不多得了，国外浪了好几年了，也该找个人安定下来结婚生孩子了。

于是，同事和亲戚的三姑六婆给她介绍的男朋友，要么是公务员，要么是工程师，要么是大学教授，都是拿着稳稳的金饭碗、一人占坑全家不愁的优质选手。

苏玄倒也不生气，和和气气地去相亲，阅人无数的她自然也能跟什么样的人都相谈甚欢。聊着聊着聊开心了，就拿出手机给人家看照片，说，你看我在迈阿密的热带雨林里摸过蛇，你看我在内华达的雪山里迷过路，你看我在俄罗斯背包客的家里留过宿。

苏玄也的确心机，这样一说，她在对方眼里的形象立刻就减了好大的分。对方回去之后，必定跟说媒的人一顿抱怨，这个姑娘怎么这么骄傲自大又轻浮！周游过世界又怎么样，好像谁没出过国似的，有什么可炫耀的？一个女孩家，到处到陌生人家里留宿，成什么样子？根本不是个娶回家当老婆的料！

就这样，苏玄成功地把无数次相亲扼杀在了相谈甚欢之中。我们怪她太狠，她却说："自私有时也是对别人负责的表现，与其装成另一个人去相亲，万一人家相中了，那岂不是夜长梦多。还不如一开始就暴露自己最真实最不正经的一面，吓得跑最好，吓不跑再说。"

说来也是神奇，苏玄这样对男性同胞从来不积口德作孽无数的狠角色，竟然也有一天遇到了难缠的对手。

苏玄已经不记得那是第多少次相亲了，那天是周末，她却还是照常去公司加班到晚饭时间，然后穿着笔挺的职业套装，准备去跟相亲对象走个流程吃个饭，然后好去健身房。

那个人看起来很瘦，戴着眼镜，一脸书生样，好像是在一个什么文化机构做顾问，苏玄叫他陈先生。两个人一边吃饭一边聊得火热，从政治谈到文化，从娱乐谈到体育，苏玄拿出手机给他看自己上个星期刚参加的马拉松的照片，他也拿出手机给苏玄看他上个月去长白山滑雪的视频。

结果一顿饭吃完，苏玄照片也晒完了，陈先生还是一脸微笑，谈兴未艾的样子。苏玄想了想，已经好几次没用自己的撒手锏了。

于是，她又翻出了当年支教的那些照片，递给陈先生看。他看了哈哈大笑，说：“没想到你现在这么光鲜体面，也是可以为了慈善事业不计形象的啊。”

苏玄就得体地微笑，说：“我觉得你人很好，我们也很聊得来，真的很难得。我要辞职了，去藏区长期居住支教，你也辞职跟我走吧。”

陈先生说：“好啊，离我上次去贵州支教也有好多年了，还真有点怀念那时候。我处理一下手头的工作，交接好了，就跟你走。”

这下终于轮到苏玄尴尬了，心想竟然碰上一个杀手锏对他都毫无用处的，失策失策。

不知道怎么给自己台阶下，苏玄只好生硬地准备结束饭局。她说：“我要去健身房了，我们以后有机会再聊。”

陈先生说：“你平时都喜欢去哪家？你们公司附近那个吗？我也常去的。”

那天的结局，是两个人一起去了健身房。苏玄突然玩心大起，说：“咱们来比赛游泳吧，不多，就两百米，四个来回，赢了我的话有福利。”

陈先生笑笑，摘了眼镜，说：“好啊。”

后来，陈先生没有赢过她，苏玄触到池边，从水里抬起头来的时候，他还离终点有着三四人的距离。

他笑着说：“输了输了，不要福利了。”

苏玄就也笑了，说："你还没问福利是什么呢。"

冰雪聪明如苏玄，早就看出陈先生是在让她。要强好胜如苏玄，也在这一争一让里看出了陈先生示好的心。她觉得，或许陈先生是一个能和她玩得到一起的人。

当然，后来苏玄没有辞职，只是申请了一个合作项目，真的又去西藏待了半年多。陈先生陪着她一起，两个人不时在朋友圈晒出和小朋友们在一起的照片。

从西藏回来之后，陈先生向苏玄求婚了。苏玄还不甘心，对我们大言不惭地讲："真不舍得单身啊！本来一个人说走就走的旅行，现在又要两个人商量来商量去了，想想就头大。"

不过，说归说，我始终相信一个把单身生活过得舍不得告别的姑娘，也会把恋爱生活一样玩得风生水起。只要那个人是对的，两个人一起欢欢乐乐吵吵闹闹地玩下去，和一个人生活总归有不一样的意趣了。

哭什么！一觉起来明天还是一条女汉子

我一天比一天聪明了。这真是悲哀！

对于世情，我太明白——每个男人，都希望他生命中有两个女人：白蛇和青蛇。

同期的，相间的，点缀他荒芜的命运。

——只是，当他得到白蛇，她渐渐成了朱门旁惨白的余灰；那青蛇，却是树顶青翠欲滴爽脆刮辣的嫩叶子。

到他得了青蛇，她反是百子柜中闷绿的山草药；而白蛇，抬尽了头方见天际皑皑飘飞柔情万缕新雪花。

每个女人，也希望她生命中有两个男人：许仙和法海。

是的，法海是用尽千方百计博他偶一欢心的金漆神像，生世位候他稍假辞色，仰之弥高；许仙是依依挽手、细细画眉的美少年，给你讲最好听的话语来熨帖心灵。

——但只因到手了，他没一句话说得准，没一个动作硬朗。万一法海肯臣服呢，又嫌他刚强怠慢，不解温柔，枉费心机。

——李碧华《青蛇》

费朵从来不在人前哭。小的时候由于调皮，经常被父母追着满屋打，她紧紧咬着小小的牙关，眼睛瞪得红红的，就是不哭，倔到父母都打累罢手。

她觉得哭是软弱的表现。不管男女老少，都不应该随随便便就掉眼泪，抽抽泣泣哭哭啼啼的，不像样子。

费朵的朋友都叫她拼命三郎。大学时她就是个热血青年，只要她上手的事，不做到完美绝不罢休。大学时在学校报社做编辑，常常为了一个版面熬通宵，在学生会组织活动，也常常为了一个策划案不眠不休。有人就对她颇有微词，觉得她自负，不相信别人，什么事只有她自己来做才行，别人她都不放心。

费朵倒不觉得这是在批评她，反倒当了好话收着。她就是觉得只有自己凡事亲力亲为才可以，不需要也不指望别人帮忙。

这样好强的费朵，大学刚毕业，就碰了一个大钉子。

费朵是从小地方考到大城市的孩子，本科不是什么重点大学，在人才济济的应届毕业生中更是找不到什么好工作。那个时候，她和她的男朋友已经相处一年多，没有特别甜蜜，却也安稳融洽。男朋友是本地人，托家里朋友的关系，给费朵找了一家很有名的大公司实习。费朵从来没有求他帮过任何事，这是唯一一次。

“这可是那些名牌大学毕业生都争不来的实习啊。”男朋友自豪地对费朵说。

费朵没说什么，在公司附近租了个小房间，就兢兢业业地开始上班了。她年轻好学，聪明伶俐，在实习生里面并不比那些名牌大学的毕业生差，同事们都喜欢她，也愿意教她，主管甚至说愿意帮她留下来。

实习期还没完，男朋友却犹犹豫豫地来跟费朵提出了分手，因为家里给他找了另一个所谓“门当户对”的女朋友。男朋友说：“没关系的，就算咱们分手了，你还是可以继续在那里实习的。”

等到主管再次问她想不想考虑留下来的时候，费朵倔着性子说：“我有我自己的路，不需要靠别人。”

有以前的大学同学听说她和男朋友分手了，打电话来安慰，费朵说：“我没事，好着呢。”

她一边跟同学电话里插科打诨，一边看着电脑里客户的资料文件，手指在键盘上敲得啪啪响。挂了电话，她用小电饭锅给自己下了一包方便面，加了个蛋，吃饱之后缩在自己的小床上，一沾枕头就睡过去，明天还要见客户呢。

公司的前辈里，有个经常帮她忙的人，费朵叫他秋玮哥，羡慕他年轻有为，他也愿意事无巨细地教她。听说费朵实习期满离开，他私下里来问了她原因。费朵说：“你们都觉得我傻是吧。”他说：“没有，我年轻的时候，也像你这样有骨气，我挺羡慕你的。”

说来也是一物降一物，一向骄傲要强的费朵，在秋玮面前，反而能软下性子，谦恭又崇拜地向他讨教。相比于靠着得天独厚的条件却不思进取的前男友，费朵对成熟又才华出众的秋玮十分倾心。

后来，费朵没了关系，只能找了一家小公司先从试用期做起。她和秋玮虽然不在同一家公司了，却越走越近，费朵羡慕他的才能和魅力，而他也爱慕费朵的青春活力，两个人就在一起了。

费朵谈起恋爱来，也是个认死理的人。分了手的，她不会再去想；在一起的，她从不吝啬去爱。不过，在事业有成的秋玮面前，她仍然活成那个不卑不亢的自己。她从不介意自己的工资只是他的一个零头，从不要他给她买昂贵的奢侈品，两个人一起出去吃饭，无论是高档的西餐厅还是街边的麻辣烫，她都坚持要求和他 AA 制。虽然她崇拜他的才华和能力，但她不觉得谁高过谁，在爱情里，两个人是平等的。

即使秋玮想要帮她换一个好一点的住处，费朵还是拒绝了，仍然住在她从大学毕业就开始租的一个小房间里，和好多人一起抢厕所抢洗衣机，早上排队在镜子前洗漱化妆，上班路上买一个煎饼果子，心情好又有零钱的时候多加一个蛋。

费朵觉得，谁都不靠，她也可以活得很好。没有谁比她高贵，她也不比谁低贱，人人平等。

真的人人平等么？现实似乎又跟她开了一个大大的玩笑。

和秋玮相处半年多之后，一个陌生的女人找到了费朵，费朵才明白，秋玮早已有个相处多年的女友，两人正在谈婚论嫁。而秋玮一直在费朵面前隐瞒着这个事实，追她的时候，也称自己是单身。

费朵出奇冷静地找到秋玮摊牌。秋玮说，年轻时的自己，就是在家里条件好的女友的帮助下，一步步发展到今天的。

费朵笑了，说："以前我不会像你一样，以后我也不会。"

但说归说，她的心里依旧是绝望的。她读过张爱玲的《红玫瑰与白玫瑰》，也读过李碧华的《青蛇》，深深清楚自己在这场感情的闹剧里，扮演了一个最不堪的角色。

虽然秋玮隐瞒她在先，但她又有什么资格指责他呢？她不也是对家境优渥性情软弱的男朋友选择了放弃，转而被风度翩翩年轻有为的秋玮深深吸引？

但从那一瞬间起，她便明白，和秋玮的所谓感情已经走到了尽头。

后来的她也曾想过，如果角色互换，自己是那个陪着他打拼天下不离不弃忠心耿耿的女朋友，对方是他事业有成之后才遇到的年轻貌美的红颜知己，自己会怎么做？

和遇见的先后没有关系，这是人性的劣根性，他们都逃不掉的。

那天回到家已是深夜，费朵饿得不行，打算煮方便面，却发现自己连一包方便面都没有了。她翻遍了房间也找不到一点吃的。

凌晨三点的时候，她饥肠辘辘地跑到厨房，做贼一样，偷了不知道是哪个室友扔在柜子角落的一包过期方便面。

面出锅的时候，廉价又浓烈的香气扑鼻而来，费朵蹲在锅旁边，热气熏上她的眼，她终于掉下了眼泪，却不敢哭得太大声，因为房间不隔音，不管哪个住户弄出奇怪的声音，都会遭到隔壁的砸墙警告表示不满。

费朵就着自己的眼泪，吃完了面。

第二天，她就退掉了租的房子，辞了职。

那是她有记忆之后，自己唯一的一次哭泣。后来她回了老家，虽然工资水平不高，但消费也降低了很多，反倒攒下了一些钱，生活也逐渐好了起来。她还是那个工作上的拼命三郎，常常会有偷懒的同事私下里抱怨她，说:“真是大城市打拼过的人，好的没学到，吹毛求疵的臭毛病学了一堆，哪来的那么多挑剔？差不多不就行了吗？”

费朵就当没听见。她永远活成不卑不亢的自己，也永远会为自己的选择负责。

她会永远记得那个流泪的深夜，也会明白，不管晚上哭成什么样子，一觉起来，她还是那个生龙活虎的女汉子，而生活也会一如既往地继续。

毕竟，人生是自己的，狼狈也要狼狈得体面。

我终于到达，但不再悲伤

如果不去遍历世界，我们就不知道什么是我们精神和情感的寄托。

但我们一旦遍历了世界，却发现我们再也无法回到那美好的地方去了。

当我们开始寻求，我们就已经失去；而我们不开始寻求，我们根本无法知道自己身边的一切是如此可贵。

——安托万·德·圣-埃克苏佩里《小王子》

陈诺和她先生是在一次旅行中认识的。她来加州读硕士的时候二十三岁，和朋友在春天的大峡谷赏花的时候，朋友的车停错了位置，吃了一张罚单，两个人正站在车前研究那张罚单，看着罚金既心疼又一筹莫展。

他那时正和朋友经过，好心地告诉她们，那个位置本来就没有明确标明禁止停车，可以拍照片发给车管局申诉，说不定就不用付罚金了。

陈诺和朋友都是初来美国不太懂，他就留下他的联系方式，说有什么不明白的再问他。后来，陈诺她们竟然还真的申诉成功了，无比开心，就跟他说一定要请他吃饭聊表谢意。

陈诺在加州最南端的圣地亚哥读书，他在加州北面华盛顿州的西雅图，一南一北的距离，这顿说好的饭便隔了快半年才如愿成行。他去圣地亚哥出差，那时陈诺的朋友正好不在，就让陈诺替她请他吃饭。

结果两个人越聊越投机，两人都喜欢电影、音乐、运动、旅行，颇有相见恨晚的感觉。

陈诺叫他大熊，因为他脸圆圆的，总有种和他年纪不相称的年轻和可爱。大熊喜欢出去玩，陈诺也年轻爱玩，两个人又是因为旅行认识的，因此在一起之后，常常一起周末周边游假期长途游，大半年下来也游遍了大半个美国。最后在尼亚加拉大瀑布下，大熊魔术般地变出了一枚戒指。

陈诺就说了愿意。

陈诺承认她的愿意并不是脑子一热的冲动决定，她喜欢大熊，也觉得他是个既适合浪漫冒险又可以安稳居家的人。他比她大六岁，来美国已有五年，工作稳定，只是绿卡还一直在排期当中。认识他之前，陈诺并没有想过留在美国。她是家里独女，爸妈也希望她有了留学经历，镀了金，能够回国找一个很好的工作。但现在有了大熊，陈诺也动了留在美国的念头。

两个人趁陈诺毕业，回了一次国，两家人见了面，领了结婚证。没有婚礼，没有蜜月，陈诺就再次以配偶的身份来到了美国。

大熊知道陈诺对于没有婚礼和蜜月有些不开心，就承诺她一定带她去她想去的欧洲，把蜜月补给她。

大熊在一家电脑公司做程序员，薪水不低，在生活水平很高的西雅图也可以租一间地段好又宽敞的大房子。大熊说，再过两年，等绿卡拿到，再攒下钱，就可以买一处陈诺喜欢的房子了。

陈诺没有了合法工作的身份，只得待在家里，成了无所事事的全职太太。其实以前读书的时候，陈诺对自己的未来也并没有什么具体的目标和要求，只是想说，将来能有一份糊口的工作就好。但现在，明明毕业了，应该走入社会了，生活却突然安逸得什么都不用她做了，糊口的事交给每天朝九晚五的大熊，她只能每天枯坐在家里，在网上几十集几十集地看国内的电视剧，等到大熊快回来的时候，用并不精湛的厨艺给他准备一顿饭。

偶尔陈诺就会说，我们好久没出去玩了。

以前陈诺读书的时候，巴不得每个周末都去找大熊，然后两个人开着车风风火火地出发。遇到长一点的春假和寒暑假，更是兴奋地提前两个月就开始做攻略，仿佛每天都有用不完的劲儿。

但是现在，大熊经常会说忙了一周太累了，等长假的时候再出去吧。于是周末就在家里睡上一整天。

陈诺已经在家里憋了一周，除了出门去超市买菜哪里都没去，便会不满，抱怨说：“以前我们还经常周末出去玩的，现在你都不想去了。”

大熊看出了她的不乐意，就哄她说："以前是因为不能每天都见到你啊，现在不是每天都可以在一起嘛。周末就让我在家里窝一窝，好不好？"

陈诺就也没有话可反驳了。

大熊怕她无聊，把公司里好几个中国同事的老婆介绍给她认识，让她平时可以找她们出去吃饭喝咖啡。这些老婆们都是跟着老公来美国的，没有工作身份，都宅在家里，有孩子的带孩子，怀着孩子的等着生孩子，没怀孩子的等着怀孩子。陈诺跟着她们出去吃了几次饭，聊了几次天，讲来讲去都是怀孩子生孩子带孩子的家长里短，她就又回来跟大熊抱怨没意思。

大熊说："要不，你也生个孩子玩儿？就有意思了。"

后来，又有一次吃饭的时候，几个女人碰巧说到旅游，陈诺才终于感兴趣起来，说："你们去过欧洲吗？我可想去欧洲了。南面想去西班牙和法国，北面想去芬兰和冰岛。"

几个女人都摇头表示没有去过。其中有一个两岁孩子的妈，长得很漂亮，笑着看了陈诺一眼，慢条斯理地说："还去什么欧洲呀，加州就挺好了，不是吗？"

大家都哈哈大笑。陈诺也讪讪地笑，说："是呀，我就是爱好旅游，闲不住。"

那个美丽的妈妈摇着头笑，说："哎，也是奇怪了，我怎么就不知道我爱好什么？"

大家七嘴八舌地说笑了几句，那个妈妈突然一拍手，满脸自豪地说：“我知道我爱好什么了！”

别人问：“什么？”

她说：“我就爱好花钱！逛街买东西花钱！反正是我老公的钱！”

在大家纷纷表示赞同的大笑声中，陈诺再也没有开口说话。

那天晚上睡前，陈诺问大熊：“你承诺的欧洲蜜月，什么时候给我？”

在陈诺拿出了自己的积蓄，一再坚持的情况下，大熊终于同意了，两人开始计划去欧洲的蜜月之行。

陈诺打起十二分的精神，机票、租车、酒店、线路，精确到每天的行程，她似乎又回到了恋爱时跟大熊隔着一南一北还在精心策划相会的时候。

一切都准备就绪，离出行只差一个星期的时候，大熊告诉她，组里最近有个重要的项目出了问题，所有的人都要赶工加班，其他的计划都要推迟。

他没有征求陈诺的意见，就说：“乖，你去把机票退了吧，你不是买了可以免费退的保险么。我们下次再去，反正办好的签证还没过期。”

陈诺什么都没说。

自从他们结婚，她作为他的配偶跟着他回来美国之后，她好像就再也没有独立自主地做过任何决定了。

那一瞬间，陈诺突然意识到，眼前安逸又富足的一切，并不是她一直以来想要的生活。

后来，陈诺一个人打点行装去了欧洲。她按着自己之前做好的详尽的攻略，去了所有自己想去的地方。在巴塞罗那的时候被人偷了钱包，一个人跑到大使馆求助。在巴黎郊外的一个家庭旅舍里寄宿，给房东年迈的奶奶做了碗红糖小米粥，把老太太乐得连连称赞合不拢嘴。

她和几个中国来的背包客一起搭车去冰岛，终于看到了她一直以来梦想的极光。那个时候，她虽然浑身冻得冰冷，可心里却热得发烫，明亮而寂静的风景在她的心里拨云见日。

那个爱玩爱冒险热血沸腾的自己还没有消失，她的生活原本可以是另外的样子。

从欧洲回来之后，陈诺一个人回了中国，在家乡所在的城市找了一份工作。她打算一边工作，一边攒钱，申请美国学校的奖学金，再去读一个商科的项目。

和大熊过上了异国分居的日子，陈诺倒也不太担心。她相信，属于自己的，无论怎样都不会放手；不属于自己的，也不会再强求。或许经历过一段分开的时间之后，她和大熊都会逐渐找回那个恋爱时充满新鲜感的对方和自己。

到那时，他们会再计划一次旅行，去他们最开始认识的地方。

Tough times do not last; tough people do

要自爱，不要把你全身心的爱、灵魂和力量，作为礼物慷慨给予，浪费在不需要和受轻视的地方。

——夏洛蒂·勃朗特《简·爱》

菲姐是我来美国认识的第一个人。

那时，我刚下飞机，一个熟人都没有。菲姐是我们学校校友联系了来接另一个来报到的学生的，见我东张西望打不到车，就说:“那我也捎你过去吧。”

她那时有些胖，留着短发，说话声音很小，戴着一个很大的太阳镜，我看不太清她的眼神，甚至连长相也没太记住。

我估摸她年龄应该在四十岁左右，后来问了她，竟然只比我大几岁，刚刚三十岁出头。

菲姐并不介意我问了她年龄之后脸上掩饰不住的吃惊的表情，笑着说:“我看起来老，是不是？大家都这么说。”

我就很尴尬，连连说没有。

后来，她周末有时会叫我去她家吃饭。我去得早的时候，家里只有她一个人，我会帮她做做饭，打打下手；去得晚的时候，她老公已经从学校把孩子接回来了。

她有两个孩子，儿子上小学，女儿还在幼儿园。儿子不同于那个年龄段的调皮小男孩，一回家就一个人窝在角落里玩他的飞机汽车，反倒是小女孩活泼好动，满院子找不到人，经常跑得浑身是土，啪嗒啪嗒地进了屋，一脚就踩在她哥哥身上，哥哥也不恼，动动屁股挪个地方，继续玩他的飞机汽车。

菲姐就拿相册，给我看她以前的照片。那不过就是几年前她像我这个年纪的时候，身材苗条，打扮入时，一头黑色长直发跟瀑布一样，是个大美女。

后来，我才知道她几年前在国内的时候生了病，住了很久的院，吃多了含激素的药，让她整个人像吹气球一样胖起来，视力和关节也不同程度地受到了影响。

菲姐没读过太多的书，大专毕业之后一直跟着家里人做生意，虽然没挣什么大钱，却也衣食无忧。她在生意场上认识了她的前夫，那时她的生意小有起色，他却是一穷二白只知蛮撞。菲姐带着他从头学起，给他住处，教他谈客户，全心全意地帮助他。

两人从共事变成情侣，又变成夫妻，也只过了不到一年。菲姐把老公手把手地教出来之后，就放心地把生意全权交给他。后来，儿子出生了，她更是放下了一切生意，自己专心在家里照顾孩子。

直到那年她身体不适，查出病症的时候，她老公已经把她所有的生意和投下的钱全部划归己有，还在外面找了个年轻貌美的小三，卷走了家里的财产，消失得无影无踪，儿子也被婆家带走。她被一个人扔在医院，只得打电话给自己的父母，让他们来付医疗费。住院近一年的时间里，她见不到儿子，花钱请了律师帮自己打官司，终于和前夫离婚，拿到了赔偿，也把儿子判给了自己。

她说，病情稳定下来之后，她出院去接儿子，在婆家的一众人对她的怒目而视下，她向一年未见的儿子张开双手，儿子却怯怯地问："你是谁？"

那时，她剃掉了头发，整个人浮肿着，由于视力变差，戴着一副大眼镜，身边还备有拐杖。

那一瞬间，她几乎要崩溃了，所有的挫折和否定都比不过自己的孩子对自己的陌生。她强撑着没有倒下，她的人生还要继续下去，她还要抚养她的孩子长大。

拖着久病初愈的身体白手起家并不是件容易的事，何况还要兼顾一个要吃要喝要玩要睡要上幼儿园的孩子。菲姐说，那几年是她过得最艰难的时候，病痛折磨不够的，生活全都加倍地压在了她的身上。见过她的人都说她一下子老了许多，白头发似乎在一夜之间爬满了鬓边，她那时还不到三十岁。

在她最憔悴、最疲惫的时候，她遇到了现在的老公。

不过，和狗血剧情不一样的是，她现在的老公并不是她的拯救者。最开始，他是她的邻居，他离过婚，带着没满周岁的女儿，也在独自打拼。她并不指望这样的一个人能够把自己从困境中拯救出来。那时的她，心如止水，更没有期待过任何一个人能把自己拯救出来。

反而是她成了他的救星。他忙碌晚归的时候，她下班顺路去幼儿园替他把他的女儿接回来，在自己家吃完晚饭，再在他回家之后把孩子送回去。

两个人从未有过任何其他交流，就那样过了整整两年，直到她的生意重新走上正轨，儿子也快上小学了，他在一个晚上来她家里接女儿。

那时，他女儿和她儿子并肩坐在客厅的角落里，儿子趴在小桌上写着作业，女儿在摊在地上的图画本上用短短的一截油画棒不知涂着什么。两个孩子互相不说话，却靠在一起，各忙各的，自然得像一家人一样。小姑娘爱动，闹来闹去特不老实，小男孩也不抬头，就伸手拽拽她的胳膊，让她回来坐好，然后依旧写他的作业。

他和她并肩站在那里，看着两个孩子，长久无言。

后来，他突然问她，愿不愿意跟他走。

他说，他要带着女儿移民去美国，投奔他的哥哥。

无所谓是谁拯救了谁，不是两个落难者悲悲戚戚地相互依偎，更不是两个奋斗者历尽艰辛终于守得云开见月明。

就只是两个愿意一起组建家庭过日子的人，很自然地走到了一起。

菲姐甚至笑着说，她和他至今的默契，甚至都没有两个孩子的默契多。带出去玩，没有人相信他们不是亲兄妹，一个安静稳重，一个活泼伶俐，完美的四口之家。

而她和他也在磨合中逐渐习惯了忙碌又安心的生活。她英文不好，现在在工作的间隙每天都要去上补习课。她说，再说不好，就要被自己的儿女笑话了，可不能松劲儿。

在我和菲姐有联系的那两年里，她一直是当地华人多种协会的骨干，不像来美很多年的老移民，她和她的家人都很愿意帮助新来的移民或是学生很快地适应在美国的生活。她说，她自己也还在适应，一切都有个开始，不是总会顺风顺水，但一切都会好的。

后来，我曾在一本书上看到过这样的话——“Tough times do not last; tough people do.”（艰难的岁月不会长久，坚强的人却能挺到最后。）或许我们都应该试着成为这样坚强的人，无论是好的时候还是坏的时候，都能够荣辱不惊面不改色地拼下去，当生活想让你哭的时候，你偏要笑给他们看。

给未来的自己：我努力，是因为看好你

回过头来注视这个世界，注视我身后的这些人，让我觉得很奇怪：

每个人都是那么勇敢坚定，但又如此地不顾一切。

不顾一切地想要出走，但又舍不得因为出走而失去的代价；

不顾一切地想要得到所有想要的东西，即使自己还不知道到底想要什么；

不顾一切地想要生活重归完美，尽管意识到生活从未完美过；

不顾一切地想要一个更美好的未来，却没有办法摆脱自己的过去。

我不仅仅在注视，还在为这些了不起的女人们加油，我真心希望她们能够心想事成。

但我知道，她们中不是每个人都称心如意。

可惜的是，这就是生活，不是每个故事都有幸福的结局。

——美剧《绝望主妇》

亲爱的姑娘，这里有一封信，写给未来的你：

你心目中未来的自己，是什么样子的?

你从小就羡慕那些走遍世界的背包客，和来自各地不同肤色不同民族的人打交道，交换自己的故事，分享遇到过的快乐。你想成为他们中的一员。

然后，你抱着走遍世界的梦想，在家门口读完了小学、中学，又去上大学，然后坐在离家十分钟路程的办公室格子间里，看着网络上别人上传的千奇百怪的照片。你想，这世上怎么会有那么伟大的建筑、那么美丽的星空、那么有趣的人们、那么神奇的生活?

你动动鼠标，关了页面，在固定的下班时间，回家吃饭睡觉。

你那背包客的梦想，在你两点一线的生活中，退化成了一个遥远又陌生的符号。提起来的时候，打个哈欠，说："啊，我最想环游世界了。"

你自然是有无数个借口的：工资低，要买房，机票贵，出门不安全，做攻略太费事。

你离心目中未来的自己，越来越远了。

你心目中未来的自己，是什么样子的?是向往自由的侠客、大隐隐于市的智者，还是独居的隐士、子女环绕的居家少妇、商界的大腕、政界的精英……

你从小就想要做一名救死扶伤的医生，家人的生老病死让你痛苦，你想要成为他们的依靠，用自己的头脑和双手成为保护他们的力量。

然后，你用功读书，从医学院本科一直读到博士。期间，无数的前辈长者同龄人给你泼冷水。他们说，医生不是女孩子干的，不够胆大聪明心细。他们说，不是出身医学世家，干不长的，还不如去所学校或是研究院，教教课，写写论文，又安稳又省心。他们说，做医生这么辛苦，将来怎么结婚生孩子？还是让你老公去干，女孩就别吃这个苦了。

你听了，心里委屈，也动摇过，但还是兢兢业业地和同学们一起去医院实习。期间，无数的患者家属把莫须有的罪责强加给你，指着你的鼻子骂，去你的实习导师那里告状。你受了委屈，只能回家和家人哭诉。家人有时会安慰你说："这都是正常的，别往心里去。"有时会不耐烦地说："不是你自己想干这一行的么？"

你累了，也倦了，想过不用担惊受怕的安稳的生活了。你离开了一线城市的大医院，回到家乡学校做了一名教师，看着来报考的学生眼睛发亮信誓旦旦地说："我从小就想做一名救死扶伤的医生。"

你自然是有无数个借口的：压力大，危险多，生活不规律，对家庭照顾不周到。

你离心目中未来的自己，越来越远了。

你心目中未来的自己，是什么样子的？是妙手仁心的医生、犀利精干的律师，还是记者、教师、科研人员、艺术家，抑或是自己开一间咖啡馆、书店、画廊或是摄影室……

那么，亲爱的姑娘，如果现在还不是时候的话，你想从什么时候才开始努力呢？如果你现在的生活不是你擅长与渴望的，那么什么是呢？如果连你自己都不看好未来的自己，那么谁还会在你坐井观天的时候拉你一把呢？

一个发自内心想要进步的人，是所向披靡的。

虽然我知道，这个世界对于姑娘们来说，仍然有着很多很多的不公平，大到生老病死，小到柴米油盐，生为女性，所需要承担的实在太多太多。但同样，这也并不是任何一个内心强大的好姑娘放弃努力的借口。

我从来不是一个优秀的人，也因此更加不会站在说教者的立场上告诉你们不努力就没有饭吃。反之，我理解太多不努力的人可以靠着家里轻轻松松拿到别人都拿不到的金饭碗，我也明白有太多努力的人拼了一辈子头破血流却往往心灰意冷一事无成。所以，我愿意相信在所有的条件和前提下，我们自己的努力，都不是为了和其他更好或更坏的人比较，而只是为了变成更好的自己。

亲爱的姑娘，现在的你，和你梦想中期望的你，有多大的区别？

如果你对自己的外形气质不满意，你是每天一边刷着电视剧一边在网上找着特效化妆品美容针来美白保湿祛痘瘦脸，还是能在阳光灿烂的周末早起跑个步，回来给自己煮上一锅营养又滋补的浓汤？你是每天拍完照片先用美图软件磨皮美白柔光拉成大长腿再发朋友圈，还是能每周坚持四天去健身房，三天跳郑多燕、

insanity、pump it up？你是坐在电脑前一边吃着薯片巧克力鸡翅鸭脖一边看着网上明星光鲜美丽的照片流口水，还是自己去报个班学习瑜伽和芭蕾？你是每天在淘宝上把各种五颜六色的当季爆款明星同款塞进购物车，还是能攒下一个月的工资给自己买一件简单大方有格调有品位的轻奢品牌？

如果你对你的简历不满意，你是花钱找人买证书买文凭，还是能在工作之余去参加培训、学习外语，给自己镀金？你是每天一边在工作时间偷懒一边跟同事抱怨加班却不加薪，还是能努力把工作在下班前做完然后回家坚持完成自己的学习计划？你是眼馋着比你入职晚却拿着名校毕业的高学历证书的实习生很快地升职成了你的上司，还是能狠下心来辞了鸡肋一般的工作去考外语然后留学读个 MBA？

如果你对你的爱情不满意，你是每天对另一半无理取闹抱怨指责，还是能定期和他沟通，指出彼此的问题，两个人达成吵架不升级冷战不过夜的协议？你是像祥林嫂一样跟身边所有的家人朋友抱怨他没出息，既赚不来钱又抠门，还是能自己掌握经济大权，做个敢赚钱也敢花钱的小富婆？你是忍受着一段没有了爱只剩痛苦的关系夜夜饮泣，还是能果断了结去开始新的人生？

如果你对你的生活不满意，你是坐在办公室里骂着雾霾和尾气长吁短叹，还是能攒下钱和年假，在寒冷的冬天带年迈的父母飞去风和日丽气候温暖的地方泡个温泉晒个太阳？你是每天回到家后就瘫在床上对着电脑无所事事，还是能做个详尽的攻略，定下每月的短途出行每年的长途出行计划，然后和另一半一起背起行囊上路？你是羡慕着朋友圈里所有别人的生活，还是放下手机从当下开始改变？

亲爱的姑娘，现在的努力，是因为你看好未来的你。这世界上除了你自己，还会有谁为未来的你负责？

不要让一切身外之物成为生活卑微的理由，你一切的尊严和体面，都是你自己内心世界的体现。心若强大了，眼前的苟且生活，有朝一日都会为你的诗和远方铺路。

直到有一天，走遍了远方，吟遍了诗，看透了风景，唱尽了歌，你才会向当年的自己，真心地说声谢谢，谢谢当年的自己没有放弃，谢谢你给了自己一个有梦有理想的未来。

Epilogue

有过最好的时候，就再也不怕最坏的时候了

说了那么多身边的姑娘，最后来说说我自己。

有那么一句话，相信很多人都知道——

“你现在的样子，全都源自你读过的书、停留过的地方、爱过的人。”

我是读过一些书，不算多，但也不算少。

很多人特别不理解地问我：“你读了那么多书，拿了好几个学位，现在不还是卑微地混在大城市里，没有结婚，没有户口，买不起房子，拿着没几个钱的工资，过着比上不足比下不余的生活？读书有什么用？”

说实话，我的确从来都不知道怎样回答他们，甚至有时会故作清高地想，能够这样问出我这个问题的人，并不值得我做任何回答。

可能又会有一些人说，这就是文青的悲哀，心比天高，却活得比谁都苟且。

我却很希望这个世界里多一些心比天高的人。生活都已经那样低微了，心再低到尘埃里，活着又有什么盼头呢？

我最怕的，就是活成我最怕的这一种人。我不怕现实残酷，不怕社会冷漠，不怕情感匮乏，不怕事业受挫，我只怕我活了一辈子，回想起来的时候，却什么都想不起来。

每个人一辈子注定只能经历一种生活，而你读过的书、思考过的事情、学到的经验，会让你在人生路上为自己做出适当的调整和选择，尽管在选择的当时你并不知道那是否正确，但你的阅历和胆识让你愿意为自己承担责任和风险，因为你知道，只要是自己的决定，都值得自己去亲手验证。

我是去过一些地方，也在不同的城市生活过。旅行的时候，我没有写过游记，更没有跟着旅行团大巴去拍过照。

说实话，去过的那些地方有什么样的景色，我已经不太能想得起来；生活过的城市有什么名胜古迹，我也全然忘记；只能粗略想得起自己生活范围之内零碎的片段。

但每一个生活过的地方，却又真真切切地在我的身上留下了或多或少的痕迹。

我没有住过五星级酒店，没有去过迪拜，没有开过限量款跑车，从来买不起一件奢侈品。

我住过一个房间十几个人的青旅，住过混杂着各种不知名职业者的廉租房，住过房东的地下室车库，住过建筑工地的民工宿舍，住过冬天刮着穿堂风的百年老房子，住过荒无人烟的雪山里守林人的小木屋，住过海边渔人的小木船……

虽然现在，我有工作，有稳定的收入，在物价高昂的城市里，也可以住着自己租来的单身公寓，但我从来不羞于谈起我曾经漂泊无依的日子。住在廉租房里的时候，为了省钱，步行两个小时去最廉价的超市买快打烊之前的生活必需品，连续吃某种降价的食物吃到吐，因为浴室渗水而跟邻屋两个五大三粗的男人吵架；住在民工宿舍的时候，因为晚上不敢出门去男女混用还没有门锁的洗澡间而硬是一个多星期不洗澡；住在房东家车库里的时候，每天早上六点钟要从睡袋里爬起来给开车出去的房东让路，等房东不在家之后才去用他们的洗手间……

庆幸的是，为了生活而为难自己的年纪，已经过去了。

庆幸的是，我从未因为自己落魄而随便地去抓不知道是什么的救命稻草；庆幸的是，也从未有过任何人在我最落魄的时候踩着七彩祥云来拯救我。

我的跋涉历程，没有人打扰。这是我最感谢上天眷顾的一点。

我是爱过一些人。

到现在，我也还记得我谈过一场最好最好的恋爱。

我们曾经有过意犹未尽的长谈、相见恨晚的默契、甜蜜的出行、温馨的晚餐、浪漫的纪念日、尴尬却有趣的出糗，和许多许多即使后来分开了再想起也不会觉得难堪的共同回忆。

但即使是最好的恋爱，我们也曾经有过许多次毫无缘由的闹别扭、莫名的脾气、不想解释的误会、深夜的冷战、泪流满面的争吵，和许多许多即使后来分开了再想起也会心酸难过的共同回忆。

这些哭着笑着的回忆，构成了我谈过的最好的恋爱。我在恋爱里，惊奇地认识了一个我以前从未见过的自己，一个竟然可以像初次恋爱的小女生一样，为了他的一个皱眉一个微笑一句话一个眼神既开心又难过的自己。

即使后来分开了，我们彼此也并不为分开后悔，我依旧感谢那段时光。因为有些人，即使是遇到过，也会觉得这辈子值了。因为他，我想变成更好的自己，而且我也的确变成了更好的自己。

即使与他分开之后的路需要一个人走，以后也并不知道会不会遇到默契相爱如他的同路人，我也并不失落。

而从来不奢望第一次恋爱就能白头到老的我，最希望的，是自己也可以在漫漫人生的行走途中，变成一个这样的人，一个无论你在生命的哪一个阶段遇见我，都会觉得值得的人。

有很多人很奇怪，那些经过千锤百炼却依旧强大无比的姑娘，是怎样做到像从未受过伤一样迎接下一次新的感情？像从未遇到过挫折一样走向下一段生活？像从未经历过绝望一样每天早上醒来都会叫醒一个新的自己？

其实，动力很简单，有过最好的时候，就再也不怕最坏的时候了。

那些最好的时候、笑得最疯的瞬间、见过的最美的日出、讲过的最傻最笨拙却最真最纯情的话，都会被你储存在记忆里，成为支撑你度过艰难岁月的力量，强大得不可思议。很多姑娘，也是在从绝望的低谷爬出来之后，才发现自己身上不可思议的强大力量，在最短的时间内满血复活，然后生龙活虎地奔向下一段旅程。

因此，我绝不会同情或怜悯那些在绝望中挣扎的姑娘。不是每个人都能体会到涅槃重生的酣畅淋漓，也不是每个人都有向着自己的人生挥起指挥棒的机会。你挺过来了，就再也没有什么能打败你了。

好好爱自己，生活才会好好爱你。

愿天下的好姑娘，都有胆有识有情有义，敢说敢笑敢爱敢恨，风风火火坦坦荡荡，敢于接受现实的苟且，却从未放弃对未来的期待，向着自己的诗和远方，义无反顾却也不怕受伤地，奔跑吧！